Scratchではじめる機械学習

作りながら楽しく学べるAIプログラミング
第2版

石原 淳也、倉本 大資 著
阿部 和広 監修

O'REILLY®
オライリー・ジャパン

○ ScratchはMITメディア・ラボのライフロング・キンダーガーテン・グループの協力により、
Scratch財団が進めているプロジェクトです。
https://scratch.mit.edu から自由に入手できます。

○ Teachable Machine, by Google Creative Lab

○ ML2Scratch、TM2Scratch、PoseNet2ScratchにはBSD 3-Clause Licenseが適用されます。
ChatGPT2ScratchにはMIT Licenseが適用されます。
オープンソースで、誰でも自由に利用できます。授業やワークショップで使用でき、商用利用も認められています。

はじめに

最近では、毎日のように人工知能や機械学習、深層学習などのニュースを見聞きするようになりました。自動翻訳や音声認識、画像認識を使ったアプリケーションや製品も、私たちの日常の中に当たり前のように入ってきています。

かつてのコンピューターが一部の人や限られた分野で使われるものから、私たちの生活に欠かせないものになったように、これらの技術もこれからは空気のような存在になるでしょう。アラン・ケイは、このことを指して「テクノロジーとは、どんなものであってもあなたが生まれた後に発明されたもののことだ」(Technology is anything invented after you were born.) と語っています。

しかし、これらの技術を単に便利なものとして消費するだけでは、機械に使われることにもなりかねません。かといって、19世紀はじめの産業革命で労働者が機械を打ち壊したラッダイト運動のように、機械を過剰に敵視するのも建設的ではありません。むしろ、機械を理解すること、すなわち、機械と人間の違いや、機械の限界、人間だけにできることを知ることが、ますます重要になるでしょう。

そのとき、単に機械学習の仕組みを知るだけではなく、それを作ってみること、さらにはそれを応用したアプリケーションまで作ることができれば、より深い理解につながります。とはいえ、コンピューターやプログラミングに親しんでいない人にとって、これを行うのは簡単なことではありませんでした。

本書では、ブロック型のビジュアルプログラミング言語「Scratch」を使うことで、その敷居を大幅に下げています。Scratchの基本コンセプトは、「低い床 (はじめやすく)、高い天井 (高度なこともでき)、広い壁 (いろいろなものを作れる)」であり、この考えに沿って、機械学習の仕組みを知る、作る、使うことのそれぞれを解説しています。

本書の著者および監修者 (石原、倉本、阿部) は、子供たちがものづくりを通してプログラミングを学ぶ活動に参加しており、本書で扱っている機械学習を使ったワークショップも実践しています。子供たちのアイデアは大人の想像を超えており、驚くような作品が作られる様子をつぶさに見てきました。この経験から、本を読むだけではなく、実際にいじくりまわすこと (ティンカリング) こそが、理解への早道であると確信しています。

ぜひ、みなさんも機械学習を使ったプログラミングにチャレンジしてみてください。チェーザレ・パヴェーゼが言うように「世界を知るためには、それを自ら構築しなければならない」(To know the world one must construct it.) のです。

2020年6月30日
阿部和広

第2版 はじめに

日進月歩という言葉がありますが、本書の出版から4年が経ち、AIをめぐる動きはますます加速して、時進日歩にせまる勢いです。特に生成AIの進歩は著しく、さまざまな分野で実用段階に入っています。私自身、プログラミングや原稿の作成などは、チャットボットとの対話を通して行うことが普通になりました。

世の中でノーコードと言うと、形式言語によるプログラム (コード) を書くことなく、ソフトウェアを作成できる環境を指すことが多いですが、自然言語のプロンプトによる生成AIを組み込んだ開発環境は、本当の意味でのノーコードと言えるかもしれません。とはいえ、これによってScratchのような地道にコードでアルゴリズムを記述するプログラミングがなくなるわけではありません。よいプロンプトを書くにも、生成されたコードをレビューするにも、プログラミングの技術や知識が必要です。

これを踏まえて、第2版では生成AIが作成したリテラルと人間のコードを組み合わせた章を追加しています。人と機械が協働して新しいものを生み出す新しい世界をぜひ体験してみてください。

2024年6月30日
阿部和広

目　次

この本について

●本書の想定読者

この本は、Scratchのプログラミングをしたことのある小学校高学年以上の読者を対象に書かれています。

また、機械学習、人工知能（AI）に実際に触れながら実践的に学びたい方で、Pythonなどのプログラミング言語に抵抗のある方にもおすすめです。

●準備

インターネットに接続できるパソコン、Webブラウザ（Chrome推奨）、そしてScratchのアカウントがあるとサンプルプログラムのリミックスもできます。

パソコンはWebカメラ、マイクが内蔵もしくは接続されている必要があります。

Webカメラを準備する場合、オートフォーカス等の機能がないシンプルなもので十分です。

●本書で紹介するプログラムについて

本書で紹介したプログラムは、以下のページからダウンロードまたは開くことができます。

Scratchではじめる機械学習 第2版 ― 作りながら楽しく学べるAIプログラミング
https://www.oreilly.co.jp/books/9784814400829/

上記のページをブラウザで開いたら「関連ファイル」というメニューを開いてください。

Stretch3から利用するプログラムの場合

プログラムファイル（.sb3）をダウンロードすることができます。Stretch3（カスタマイズされたScratch）にアップロードして読みこんでください。プログラムのアップロード方法は37ページを参照（さんしょう）してください。

Scratchから利用するプログラムの場合

リンクを開くと、Scratchのプロジェクトページへジャンプします。「中を見る」をクリックしてコードを開くことができます。

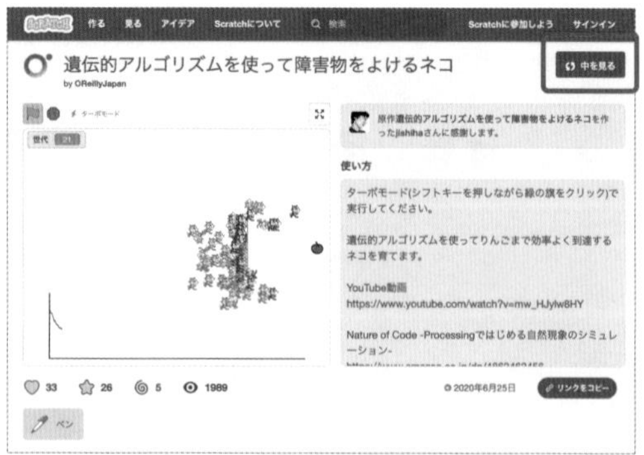

●「使用ブロック」について

コードエリアに配置するブロックを、カテゴリ名とブロック名で示しています（矢印の左側がカテゴリ名、右側がブロック名）。色分けは、ブロックパレットの左にあるカテゴリの色と対応しています。

例：

使用ブロック

- イベント→「スペース」キーが押されたとき
- 変数→変数を作る→「人間の手」を作成（「すべてのスプライト用」を選択）
- 変数→「人間の手」を「0」にする
- ML2Scratch→ラベル

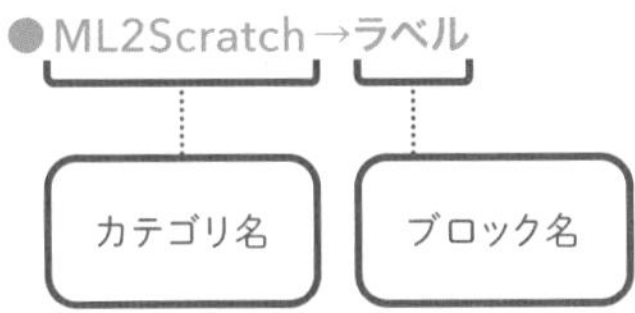

文字や数字を入力したり、プルダウンで値を変更できる箇所は「」で示し、ブロックパレット上にある初期値を記しています（環境によって異なる場合があります。ご了承ください）。

●おことわり

本書は2024年6月時点での情報をもとにしています。それ以降、各アプリケーションやWebページの画面が更新される可能性があります。最新のものと異なる場合があることを、あらかじめご了承ください。最新情報は、本書のWebページ（6ページに記載）をご覧ください。

●ご質問・ご意見

この本に関するコメントや質問を電子メールで送るには、以下のアドレスへお願いいたします。

電子メール：japan@oreilly.co.jp

この本のキャラクター

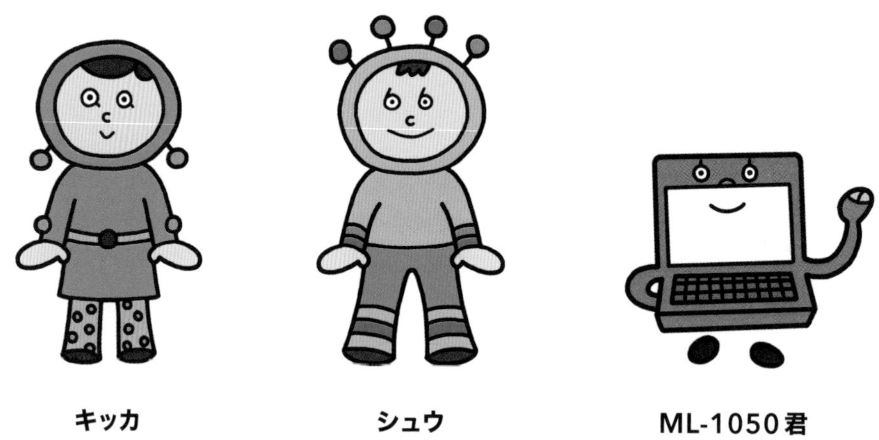

ふだんからScratchでゲームを作ったりしてプログラミングを楽しんでいるキッカとシュウ。最近、ニュースでよく聞く「人工知能」や「AI」に興味を持ちはじめ、調べてみると「機械学習」という仕組みがよく使われていると知った2人。そこで、機械学習にくわしいML-1050君に、機械学習のことを教えてもらいにいくことにした。

序章

10分で体験できる機械学習

「機械学習」という言葉、この本を手に取ったみなさんならきっと聞いたことがあると思います。AIや人工知能と関係がありそう、くらいの知識はあるのではないでしょうか？ 普通だったら「機械学習とは…」とその説明が続くところですが、この本ではそうしたお勉強はあと回し（4章で説明します）。「機械が自分で学習していろいろ判断してくれること」、くらいに思っておいてください。まずは、たったの10分で機械学習の代表選手である画像認識を体験してみましょう。きっと「機械学習っておもしろい！」と感じてもらえると思います。

この章で学ぶこと

ねぇねぇ、ML-1050君。機械学習って、
かんたんに言うと、どういうことなの？

ふつうはさ、コンピューターって、「もし○○なら、
◇◇しなさい」ってふうに人間が命令したとおりに動くでしょ？

うん、そうだね。Scratchでゲームを
プログラミングするときも、そうやって作るよ。

でもね、機械学習の技術を使うといちいち人間が命令しなくても、
コンピューターはたくさんのデータを学んで、
そのデータをもとにして
自動的に何をすべきか決められるようになるんだ。

えーっ！ すごい。そんなことができるようになるの？

キッカやシュウたちと同じだよ。君たちは、勉強して、
新しいことをどんどん知って、賢くなるでしょ？
ぼくらも、たくさんのデータから学んで、賢くなっていくのさ。

へぇ…ぼくら人間と、君たちコンピューターが、
同じだなんて、びっくりだなぁ。
だから、機械「学習」っていうんだね。

そうさ。説明するより、まずは試してみて。
ぼくのカメラに、なんでもいいから、物を映してみてよ。

鼻のところにカメラがあるのね。
なんでもいいの？
じゃあ…、これは？

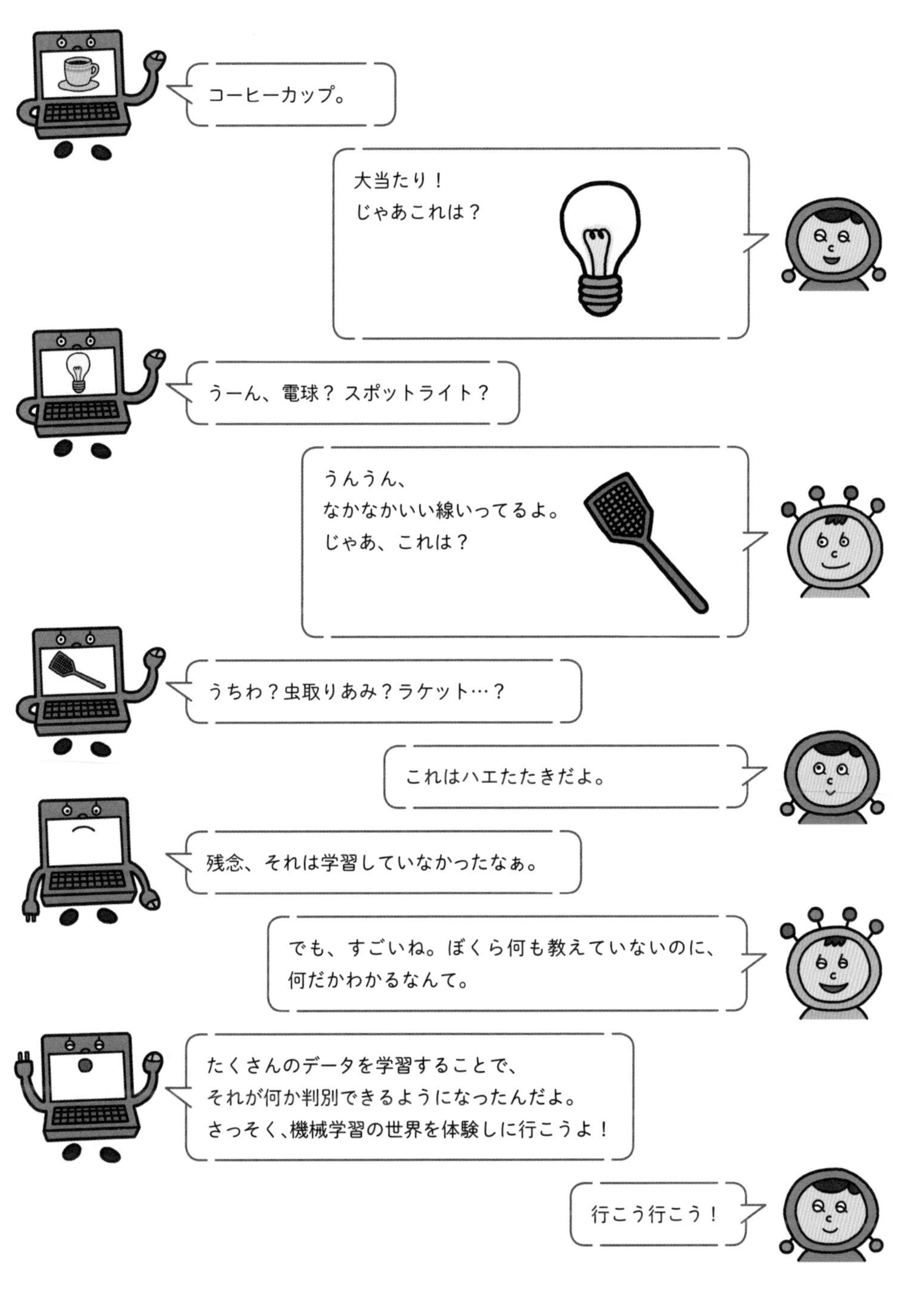
コーヒーカップ。
大当たり！
じゃあこれは？
うーん、電球？ スポットライト？
うんうん、
なかなかいい線いってるよ。
じゃあ、これは？
うちわ？虫取りあみ？ラケット…？
これはハエたたきだよ。
残念、それは学習していなかったなぁ。
でも、すごいね。ぼくら何も教えていないのに、
何だかわかるなんて。
たくさんのデータを学習することで、
それが何か判別できるようになったんだよ。
さっそく、機械学習の世界を体験しに行こうよ！
行こう行こう！

ImageClassifier2Scratchで画像認識を体験してみよう

機械学習の中でも、画像認識の技術は近年目覚ましい進歩をとげました。その画像認識を実際にScratchで体験してみましょう。

そのためには、ImageClassifier2Scratch(イメージクラシファイヤーツースクラッチ)*という拡張機能を使います。また、画像を認識するためにカメラを使うため、Webカメラを内蔵したパソコンか、外付けのWebカメラを接続したパソコンが必要になります。

それでは、さっそくやってみましょう。ImageClassifier2Scratchが使えるカスタマイズされたScratch (Stretch3(ストレッチスリー)) をChromeブラウザで開きます。

Stretch3(ストレッチスリー)
https://stretch3.github.io/

この拡張機能はScratchの公式の拡張機能ではなく、Stretch3から使うことができます。つまり、いつも使っているScratchからは使えません。Stretch3は、オリジナルのScratchにはない拡張機能を追加し、利用できる環境として、筆者(石原)が開発したものです。

「拡張機能を追加」(左下のブロックに+が付いた紫のボタン)をクリックして「拡張機能を選ぶ」画面を開き、以下のImageClassifier2Scratch拡張機能を選択します。

* ここで使うImageClassifier2Scratch、1章で使うML2Scratch、2章で使うTM2Scratch、3章で使うPosenet2Scratchは、ml5.jsを使って開発されています。

すると、カメラの使用の許可を求める画面が開くので、「許可する」をクリックします。

ポイント

間違えて「ブロック」をクリックしてしまった場合は、23ページの「カメラの許可と切り替え」を参照して、設定を変更してください。また、他アプリがカメラを使用していたり、バーチャルアバターや仮想カメラなどを使っていると、正常に動作しないことがあるのでご注意ください。

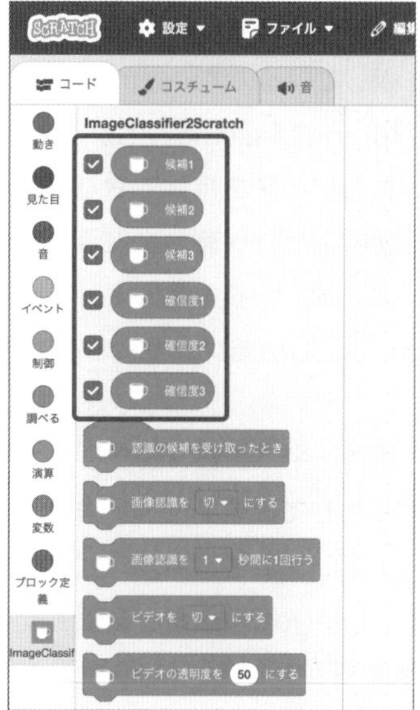

すると、ブロックパレットの最後にImageClassifier2Scratch用のブロックが追加されます。合わせて、ステージ上にはWebカメラに映っている画像が表示されます。

右のように、「候補1～候補3」、「確信度1～確信度3」の横のチェックボックスにチェックを入れてみましょう。

ステージ画面に以下の通り、それぞれの値が表示されるようになります。

候補1から候補3までには、いまWebカメラに映っているものが何なのかをコンピューターが推測して、その候補が表示されています。確信度1から確信度3までに表示されている数値は、0から1までの値で、対応する候補にどのくらい確信を持っているかという「確信度」を表しています。

前ページの例では、0.16（1が最大値なので16%）の確信度でwig（かつら）と認識していて、その次にsweatshirt（スウェットシャツ）、その次にcardigan（カーディガン）だと認識しています。実際には、この他にもさまざまな認識結果を機械は計算しているのですが、ImageClassifier2Scratchでは確信度が高いものから順に3つまでの候補しか表示しません。

機械は確信度の高い候補として、Webカメラに映った人物が着ている服や髪についての答えを返しているので、なかなかの認識結果です。

ImageClassifier2Scratch は、あらかじめさまざまな物を学習した学習済みモデルと呼ばれるデータを持っており、そのモデルの中から一番近いものを候補として表示します。「顔(face)」という答えが表示されなかったのは、あらかじめ学習した物の中になかったか、あるいは映っている角度によって正確に認識できなかったなどの理由と思われますが、このように100%正しい結果は得られないものと思ってください。

候補をネコが日本語でしゃべるようにしてみましょう。まずは、「翻訳」の拡張機能を追加します。ImageClassifier2Scratchと同様に、「拡張機能を追加」から選んでください。ImageClassifier2Scratchの認識結果は英語ですが、この拡張機能を使うと、日本語で表示することができます。

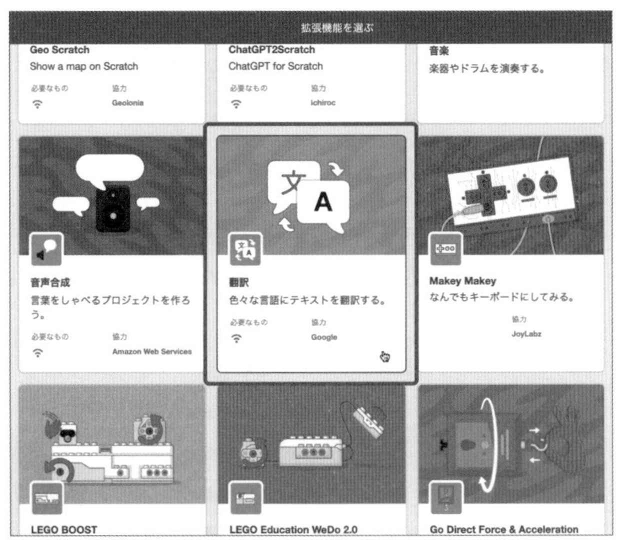

そして、次のようなコードを作ります。

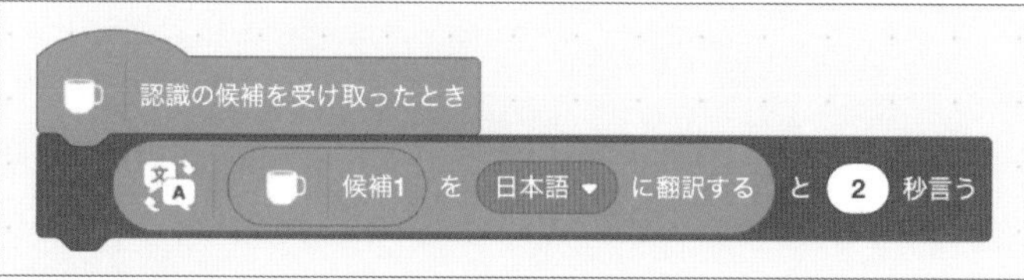

使用ブロック

- ImageClassifier2Scratch→認識の候補を受け取ったとき
- 見た目→「こんにちは！」と「2」秒言う
- ImageClassifier2Scratch→候補1
- 翻訳→「こんにちは」を「日本語」に翻訳する

以下が実際に動いている様子です。

マグカップをカメラに映したところ、「コーヒーマグカップ」と認識されました。

他にもさまざまなものを映してみましょう。残念ながら、いつも正確に認識するものではないということがわかると思います。正しく認識されるものもあれば、全く違うものとして認識される場合もあります。

ここでは、正確さには少し目をつぶってもらって、機械学習ってこういうことができるんだ！ということを、感じてもらえれば大丈夫です。次の章からは、実際に自分で機械に学習させるプロセスを、プログラムを作りながら体験していきましょう。

1 章

画像認識編

ジャンケンゲームを作ろう

機械学習による画像認識を体験するために、パソコンに付いているWebカメラに向かってジャンケンするゲームを作ってみましょう。もしみなさんが普段使っているパソコンやタブレットでジャンケンゲームをする場合は、キーボードのボタンを押したり、マウスやタッチパネルで、自分の出す手を選ぶ操作が必要でしょう。しかしここで作るゲームは、マウスやタッチパネルを使わずに、カメラに映ったグー、チョキ、パーを画像認識で判定することができます。この章では「ML2Scratch」という拡張機能を使います。

この章で学ぶこと

おもしろいね！ぼくらも機械学習、
やってみたいなぁ！

よし！じゃあ、君たちも機械学習を使った
プログラムを作ってみようよ。

うん！…でも、どうやって、ML-1050君に
学習してもらう…なんてこと、できるのかな？

大丈夫。君たち、Scratchは使ったことがあるんだよね。
Scratchが使えれば、簡単に画像を学習させて、
その学習データを使ったアプリを作れる方法があるんだ。

そうなの？

機械に学習させるための動作を
はじめから全部プログラミングするのは、ちょっと難しい。
だから、ここでは、Scratchの拡張機能を読みこんで使うよ。

それなら、私たちにもできそう！
どんなアプリが作れるの？

ジャンケンゲームを作ってみるよ。こんな感じさ。
ぼくとジャンケンしてみよう。

OK！ ジャーン、ケーン、……

ポン！
ポン！
シュウはグーだね。
ぼくはパーだから、ぼくの勝ちだ！
君は、ぼくの出した手の形が、わかるんだね！
そう。なぜだかわかる？
あらかじめ、じゃんけんのグーとチョキと
パーの手の形を、学習したからね。
正解！ 作り方、知りたいかい？
教えて教えて！

1-1 ML2Scratchの準備をする

この章では、カメラに映ったグー、チョキ、パーを画像認識で判定するジャンケンゲームを作りながら、機械学習の過程を学んでいきます。

機械学習を使った画像認識をScratchで使うには、ML2Scratch（Machine Learning to Scratchの意味です）という拡張機能を使います。この拡張機能はScratchの公式の拡張機能ではなく、特別にカスタマイズされたScratch（Stretch3）から使うことができます。つまり、いつも使っているScratchからは使えません。

また、画像認識にはカメラを使うので、Webカメラ内蔵のパソコンか、内蔵でなければ、Webカメラをつなげたパソコンが必要です。多くのノートパソコンやタブレットには内蔵されているでしょう。内蔵されていない場合はWebカメラを用意してください。オートフォーカスや広角レンズ、マイク性能などの機能はそれほど必要ないので、低画素で手ごろな価格のもので大丈夫です。

▶ブラウザの準備

ML2Scratchを使うときにはChromeブラウザを推奨します。お持ちでない方はインストールをしてください。
すでに使用している場合、Chromeに拡張機能をインストールしていると、その影響でカメラや機械学習のライブラリが想定通りの動きをしない場合があります。拡張機能の影響が疑われる場合は、拡張機能が無効となるゲストモードでChromeを開くことをお勧めします。画面右上で名前またはユーザーのアイコンをクリックし、「ゲスト ウィンドウを開く」を選ぶと、ゲストモードのウィンドウが開きます。

ML2Scratchが使えるStretch3をChromeブラウザで開きます。

Stretch3
https://stretch3.github.io/

通常のScratchと同じ画面が開きますが、「拡張機能を追加」（左下のブロックに＋が付いた紫のボタン）をクリックして「拡張機能を選ぶ」画面を開くと、一番上にML2Scratchという拡張機能があることに気づくでしょう。これを選択します。

カメラの使用の許可を求める画面が開くので「許可する」をクリックします。

ML2Scratchのブロック（緑色のブロック）が使えるようになり、ステージの画面にはカメラに映った映像が表示されるようになりました（もしカメラの使用をブロックしてしまった場合は23ページの「カメラの許可と切り替え」を参照）。

これで、画像認識を使ったプロジェクトを作る準備ができました。

ポイント

タブレットなどで複数のカメラが付いていて、使うカメラを切り替えたいときには、ML2Scratchのブロックの下の方にある「カメラを[…▼]に切り替える」ブロックを使うことができます。ブラウザが複数のカメラを認識していれば、▼を押してカメラを選択できるようになります。ブラウザの設定でカメラを確認するには、23ページの「カメラの許可と切り替え」を見てください。

▶カメラの許可と切り替え

カメラの許可をする際にブロックしてしまったり、「カメラを[…▼]に切り替える」ブロック(22ページ)だけでは複数のカメラを切り替えられないときの操作方法を紹介します(マイクの許可と切り替えも同様の手順で行います)。

＊注：他アプリがカメラを使用していたり、バーチャルアバターや仮想カメラなどを使っていると、正常に動作しないことがあるのでご注意ください。

ブロックしてしまった場合、以下のようにアドレスバーの右端のカメラアイコンにななめの線がつきます。

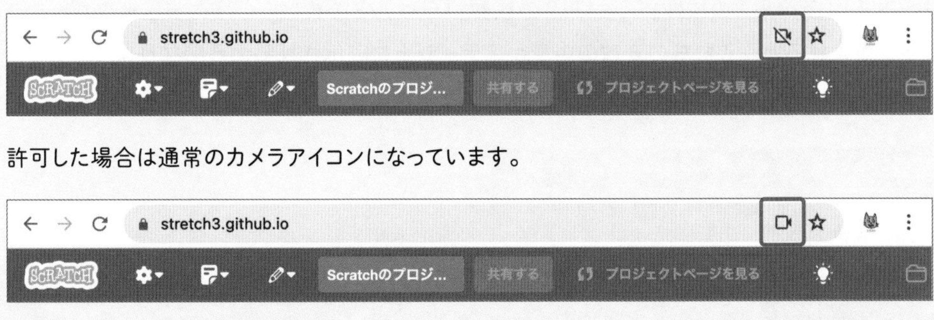

許可した場合は通常のカメラアイコンになっています。

このカメラアイコンをクリックすると、カメラの許可に関するメニューが開きます(左下の図)。ラジオボタンを「…許可する」に切り替え、右下の「完了」を押し、タブを再読み込みするとカメラが許可されます。

また、このメニューの左下の「管理」を押すと、Chromeの設定画面のカメラの項目が開きます(右下の図)。複数のカメラを切り替えたり、サイトごとに許可の管理や取り消しができます。カメラをブロックしてしまった場合は、「カメラの使用を許可しないサイト」にStretch3が入っているので、右端のゴミ箱アイコンを押して削除し、再読み込みすると、再びカメラの許可を求める画面(22ページ)が出るようになります。

＊注：今回Chromeをインストールしてカメラを初めてオンにした場合、OSの警告画面が出ることもあります。
それらの画面でもカメラの使用を許可してください。
また、Chromeのゲストモード(21ページ)を使用している場合、「管理」ボタンから開く詳細のカメラ設定は存在しません。
複数のWebカメラの切り替えなどの操作が必要な場合は、ゲストモードでなく通常のモードを使用してください。

1-2 ML2Scratchで画像を学習させる

機械学習の認識結果をやり取りするラベルを準備します。ML2Scratchのカテゴリのブロック「ラベル」「ラベル1の枚数」「ラベル2の枚数」「ラベル3の枚数」の横のチェックボックスにチェックを入れると、これらの変数の中身がステージ上に表示されるようになります。ステージのネコは、じゃまにならないよう左下に寄せておきましょう。

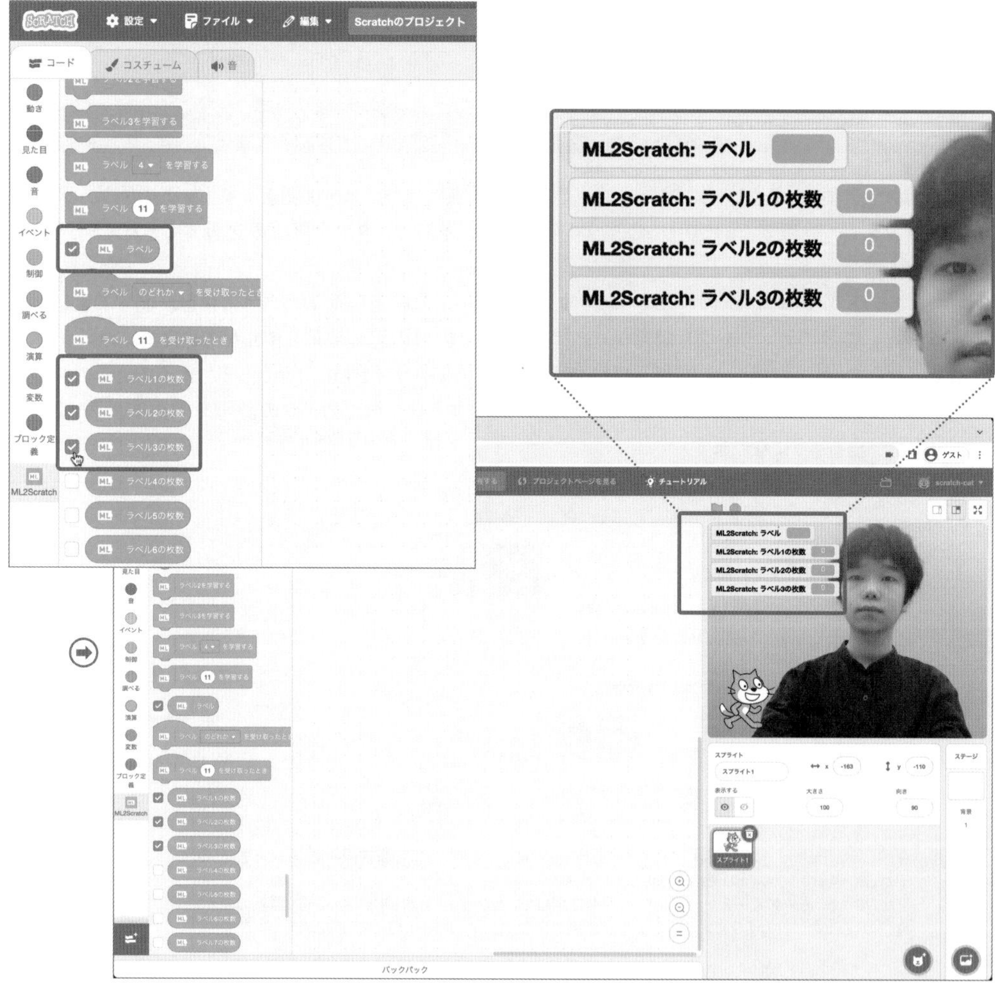

これからグー、チョキ、パーの形を機械に覚えてもらいます。それぞれのジャンケンの手の画像をいくつか機械（パソコン）に見せることで学習させることができます。人間が学習するときと似ていますね。

まずはジャンケンのグーの形を、画面いっぱいに映るようにカメラに見せたまま、「コードエリア」にドラッグした「ラベル１を学習する」のブロックをクリックします。

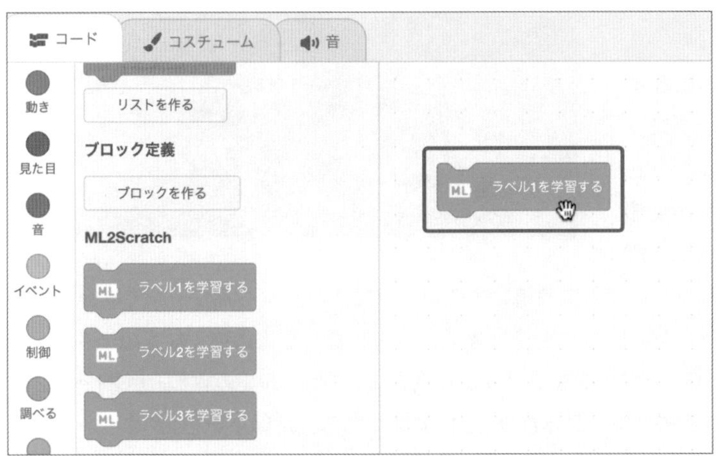

ポイント

他のブロックと同様、パレット上でブロックをクリックしても、実行されます。

「最初の学習にはしばらく時間がかかるので、何度もクリックしないで下さい。」というメッセージが表示されるので、「OK」をクリックし、メッセージの通りにしばらく待ちます。

すると、ステージ上に表示されている「ラベル１の枚数」の値が１に変わります。「ラベル１の枚数」は、「ラベル１」として覚えさせたカメラの画像の枚数を意味します。

「ラベル1を学習する」というのは、カメラに映っている画像に「1」というラベルを付けるということです。つまりグーの画像を、「これは1番と覚えてね」と機械に指示を出しているのです。

「ラベル1の枚数」が20枚になるまで「ラベル1を学習する」ブロックをクリックし続けます。このとき、カメラに映るグーの画像が全部少しずつ違う画像になるように、角度を変えたり、位置を変えたりしながら撮り続けるのがコツです。異(こと)なるパターンで学習したほうが、いろいろなグーの出し方(見え方)に対応できるようになり、変化に強くなるのです。

また、「ラベル1を学習する」ブロックをクリックし過ぎて、「ラベル1の枚数」が21～22枚くらいになってしまっても大丈夫です。ぴったり20枚でなくても、だいたい20枚くらいであればよいのです。

グーの画像を20枚撮り終えたら、次はチョキの学習です。

ジャンケンのチョキの形を、画面いっぱいに映るようにカメラに見せて、「ラベル2を学習する」のブロックをクリックします。すると今度は「ラベル2の枚数」の数が増えます。

「ラベル2の枚数」も20枚になるまで「ラベル2を学習する」ブロックをクリックし続けます。グーのときのようにチョキの角度や位置を少しずつずらしながら撮り続けてください。

「ラベル2の枚数」も20枚になったら、次はパーの学習です。

ジャンケンのパーの形を、画面いっぱいに映るようにカメラに見せて、「ラベル3を学習する」のブロックをクリックします。「ラベル3の枚数」の数が増えます。

「ラベル3の枚数」も20枚になるまで「ラベル3を学習する」ブロックをクリックし続けます。グーやチョキのときと同様、パーの位置を少しずつずらしながら撮影します。

以上でグー、チョキ、パーと、ジャンケンのすべての形を学習させました。この作業を、「分類モデルの作成」と言います。

1-3 分類モデルを使った画像認識を試す

それでは、学習した成果を見てみましょう。

カメラにグー、チョキ、パーのいずれかを映してみます。右の例ではチョキを映しています。すると、「ラベル」ブロックの値に2と表示されました。チョキの画像には「2」というラベルを付けて学習させていたからです。

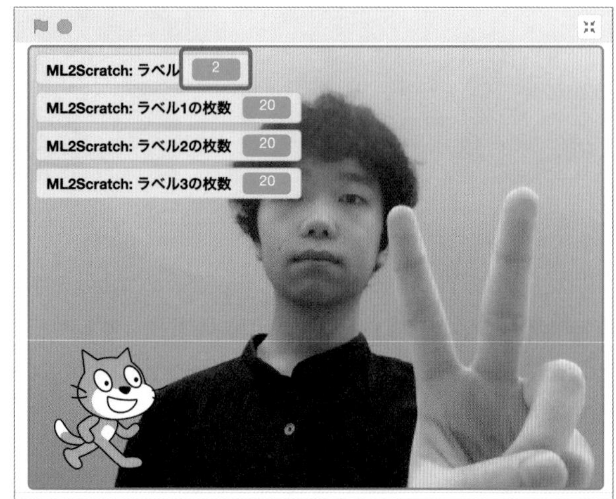

グーやパーなど他の手を次々とカメラに映してみてください。それぞれ対応するラベル、つまりグーを見せたときは1が、チョキを見せたときは2が、パーを見せたときには3が表示されます。

100%の完ぺきさではなくても、そこそこ正確に表示されているのではないでしょうか？

機械は、これまでに学習していない新しい画像に対しても、学習したデータに基(もと)づいて一番近いと思われるラベルを推測して、そのラベルの番号を表示しているのです。このことを、「認識」と言います。

▶うまく認識できないときは

グー・チョキ・パーの画像を学習させても認識がうまくいかないという場合、原因はいろいろ考えられるのですが、いくつかよくあるケースを挙げます。

- 背景にある別のものが目立ってしまっていて、コンピューターがそちらの特徴を強く学習してしまっている。この場合はたとえば、できるだけ無地に近い背景をバックにして学習させてみましょう。
- カメラに映っている手が小さい。この場合もコンピューターは背景の別のものに注目してしまっている可能性が高いので、できるだけ大きく映るように手をカメラに近づけてみましょう。
- 同じような大きさ、角度の手の画像ばかりを学習してしまっている。すると、少しでもその位置からずれてしまうとうまく判定してくれません。この場合は、学習する際に少しずつ、手の大きさ、角度をずらしながら、学習パターンを増やすようにしてみましょう。

認識がうまくいかないときは、「ラベル『の全て』の学習をリセット」ブロックをクリックして、学習データを削除してやり直すとよい場合もあります。
下記の「ラベル『の全て』の学習をリセット」をクリックすると、すべての学習データをリセットするので、各ラベルの枚数は0になります。これで、それまで学習したデータはなくなるので、上に挙げたことに気をつけながら新たに学習をやり直します。

グーとパーはうまく判定できるけれど、チョキだけがうまく判定できないなあ……という場合は、「の全て▼」をクリックして、チョキのラベルである「2」を選択し、「ラベル『2』の学習をリセット」にしてからクリックします。

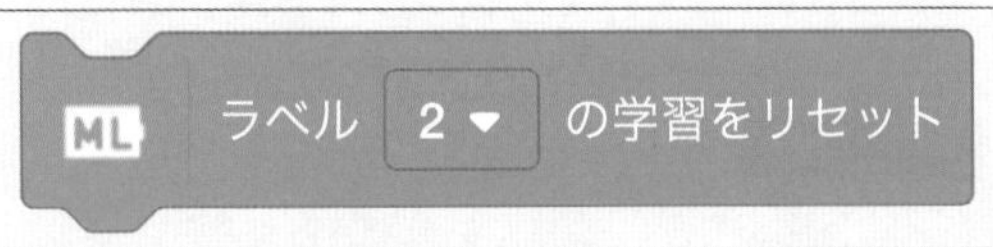

この場合はチョキの学習データだけがリセットされるので、そのあとにチョキの画像だけを新たに学習すればよいのです。
ルールを決めなくても、いくつかの画像を見せることで学習してくれるML2Scratchは柔軟(じゅうなん)でかしこく見えますが、万能ではありません。認識がうまくいかない場合は、なぜうまく学習できなかったのかを推測して、撮影方法なども工夫しながら、必要なら学習を何度かやり直してみてください。繰(く)り返し試してみると、きっとコツがつかめてくると思います。

1-4 Scratchでジャンケンゲームをプログラムする

画像認識ができるようになったので、これを利用してジャンケンゲームを作っていきましょう。

スクラッチキャット（ネコ）を相手にジャンケンするゲームを作ります。自分の手はカメラで認識し、ネコの手はランダムで決めるようにします。スペースキーが押されたタイミングで手を認識し、勝敗を判定してくれるようにします。以下の手順にしたがって、ブロックをつなげ、テキストを変更していきましょう。

1 ルールを表示する

緑の旗がクリックされたら、ゲームの説明をネコが言うようにします。見た目カテゴリの「『こんにちは！』と『2』秒言う」ブロックの言葉を変更して使います。

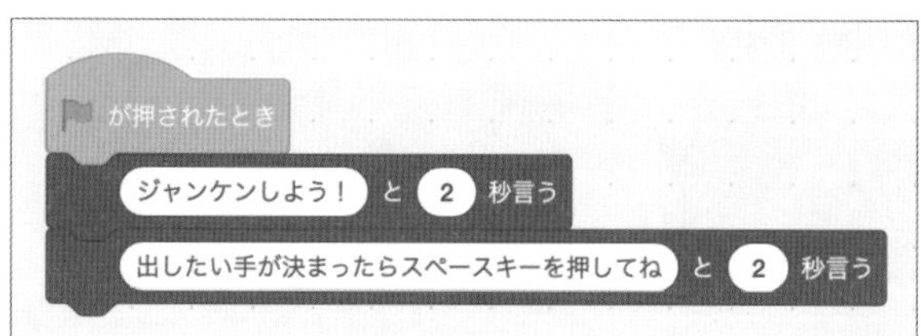

使用ブロック

- イベント→旗が押されたとき
- 見た目→「こんにちは！」と「2」秒言う

2 人間の手を認識し、ラベル番号を表示する

「人間の手」という変数を用意し、スペースキーが押されたときにカメラに映っていた手に対応したラベル番号が入るようにします。変数を作るときは、「すべてのスプライト用」で作ります。

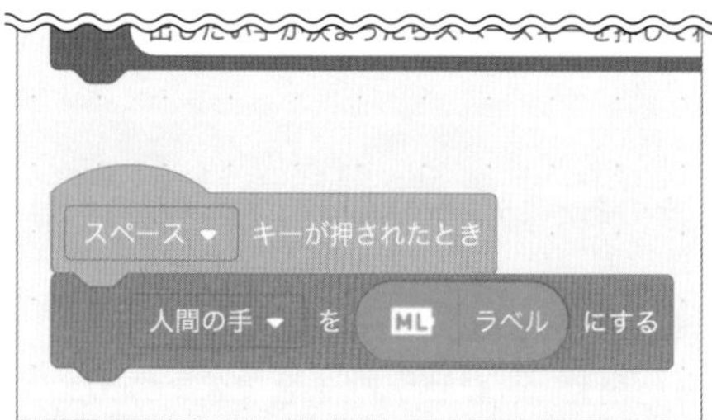

使用ブロック

- イベント→「スペース」キーが押されたとき
- 変数→変数を作る→「人間の手」を作成（「すべてのスプライト用」を選択）
- 変数→「人間の手」を「0」にする
- ML2Scratch→ラベル

3 ネコの手をランダムで出し、勝負を判定する

「ネコの手」という名前の変数を「すべてのスプライト用」で作ります。スペースキーが押されたら、1から3までの乱数(らんすう)が「ネコの手」に入るようにします。

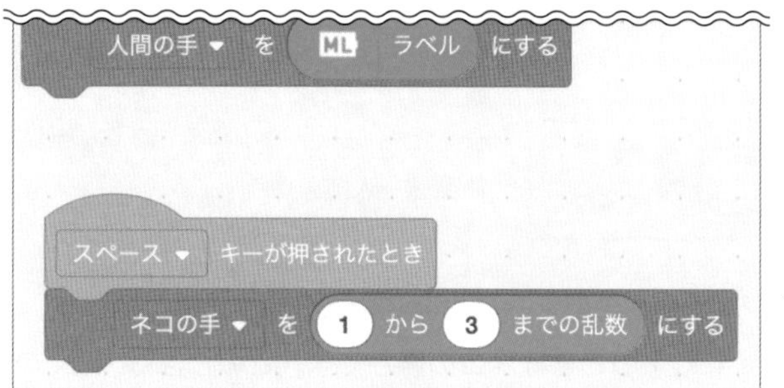

使用ブロック

- イベント→「スペース」キーが押されたとき
- 変数→変数を作る→「ネコの手」を作成(「すべてのスプライト用」を選択)
- 変数→「ネコの手」を「0」にする
- 演算→「1」から「10」までの乱数

「ジャンケンの手」というリストを「すべてのスプライト用」で作成し、「グー」「チョキ」「パー」の順に追加します。こうすることで、『「ジャンケンの手」の「ネコの手」番目』ブロックで「グー」から「パー」までいずれかを呼び出せるようになります。

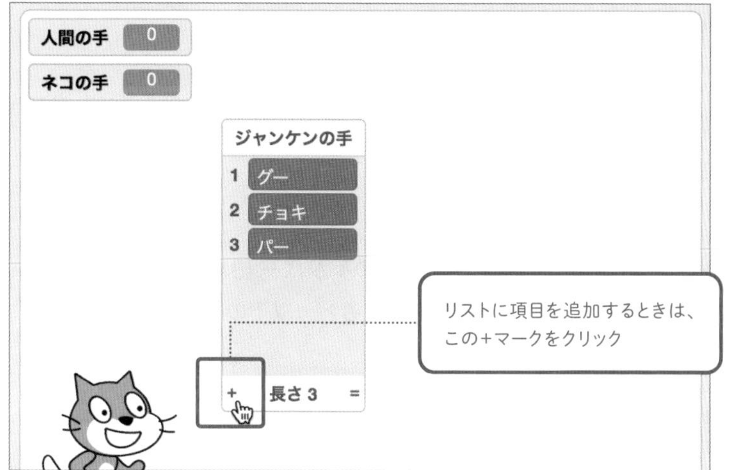

使用ブロック

- 変数→リストを作る→「ジャンケンの手」を作成(「すべてのスプライト用」を選択)

以下のようにブロックをつなげ、ネコが何を出すかを2秒間言うようにします。

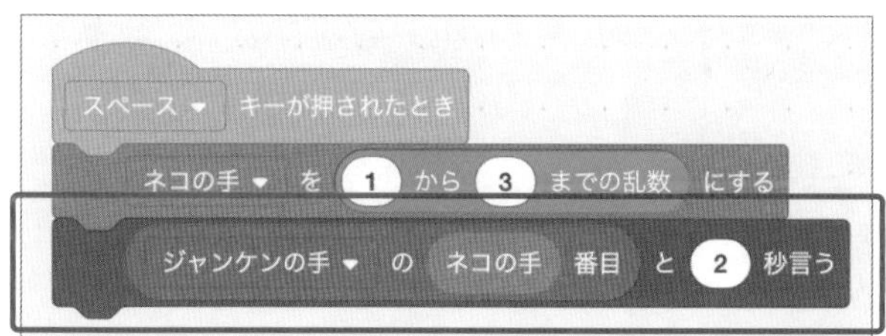

使用ブロック

- 見た目→「こんにちは!」と「2」秒言う
- 変数→「ジャンケンの手」の「1」番目
- 変数→ネコの手

以下のようにブロックをつなげます。『「ジャンケンの手」の「人間の手」番目』ブロックで人間の手をネコに言わせることができます。

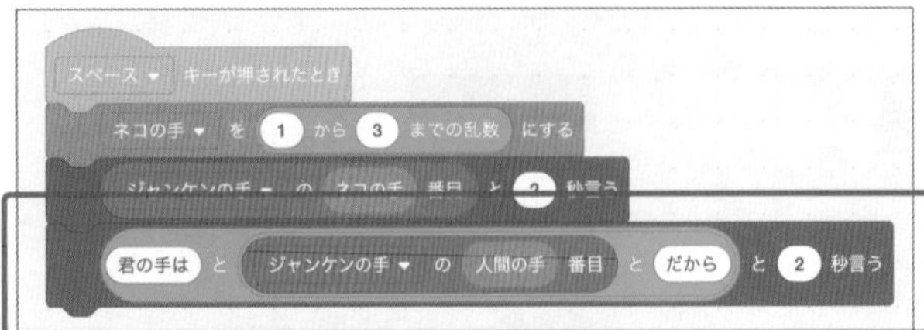

使用ブロック

- 見た目→「こんにちは！」と「2」秒言う
- 演算→「りんご」と「バナナ」
- 変数→「ジャンケンの手」の「1」番目
- 変数→人間の手

ネコの手と人間の手が決まったので、ジャンケンの勝ち負けの判定の部分を作っていきます。

ネコの手がグー（1）で、人間の手がチョキ（2）のときはネコの勝ちです。このときは「ぼくの勝ちだ！」とネコが言うようにします。

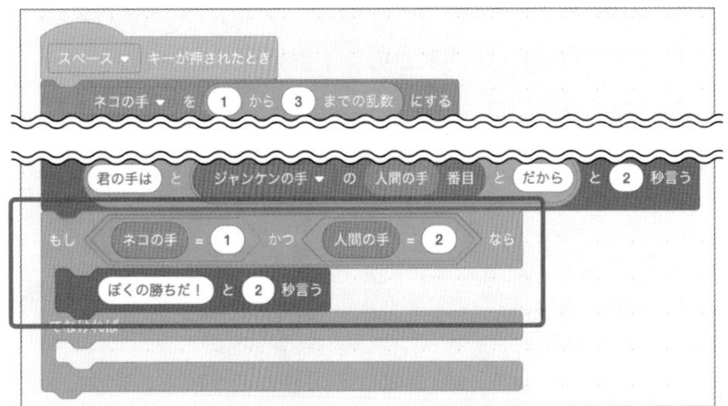

使用ブロック

- 制御→もし「…」なら／でなければ
- 演算→「…」かつ「…」
- 演算→「…」=「50」
- 変数→ネコの手
- 変数→人間の手
- 見た目→「こんにちは！」と「2」秒言う

ネコが勝つパターンは、他にネコの手がチョキ（2）で人間の手がパー（3）、そしてネコの手がパー（3）で人間の手がグー（1）のときです。これをコードにすると、以下のようになります。

使用ブロック

- 制御→もし「…」なら／でなければ
- 演算→「…」かつ「…」
- 演算→「…」=「50」
- 変数→ネコの手
- 変数→人間の手
- 見た目→「こんにちは！」と「2」秒言う

次に、人間の勝つパターンを考えます。

人間が勝つのは、ネコの手がグー（1）で人間の手がパー（3）、ネコの手がチョキ（2）で人間の手がグー（1）、そしてネコの手がパー（3）で人間の手がチョキ（2）のときです。

人間が勝ちのときは「君の勝ちだ！」とネコが言うようにします。

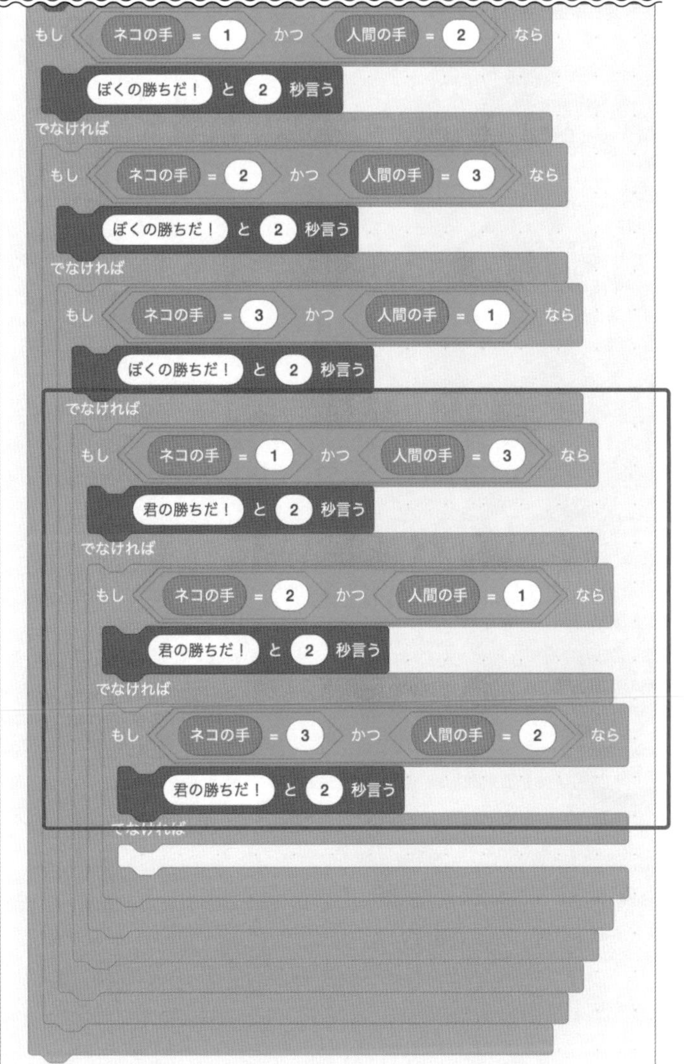

使用ブロック

- 制御→
  もし「…」なら／でなければ
- 演算→「…」かつ「…」
- 演算→「…」＝「50」
- 変数→ネコの手
- 変数→人間の手
- 見た目→
  「こんにちは！」と「2」秒言う

ポイント

同じブロック群をもう一度使いたい場合は、右クリックメニューで「複製」を選ぶか、コードエリアでブロック群をクリックした後にコピー（Ctrl+C）&ペースト（Ctrl+V）できます。

ネコが勝つ場合、人間が勝つ場合のいずれでもないときは、あいこのパターンです。ブロックの最後の「でなければ」には「あいこだねと2秒言う」ブロックを入れて、ジャンケンの判定の部分は完成です。

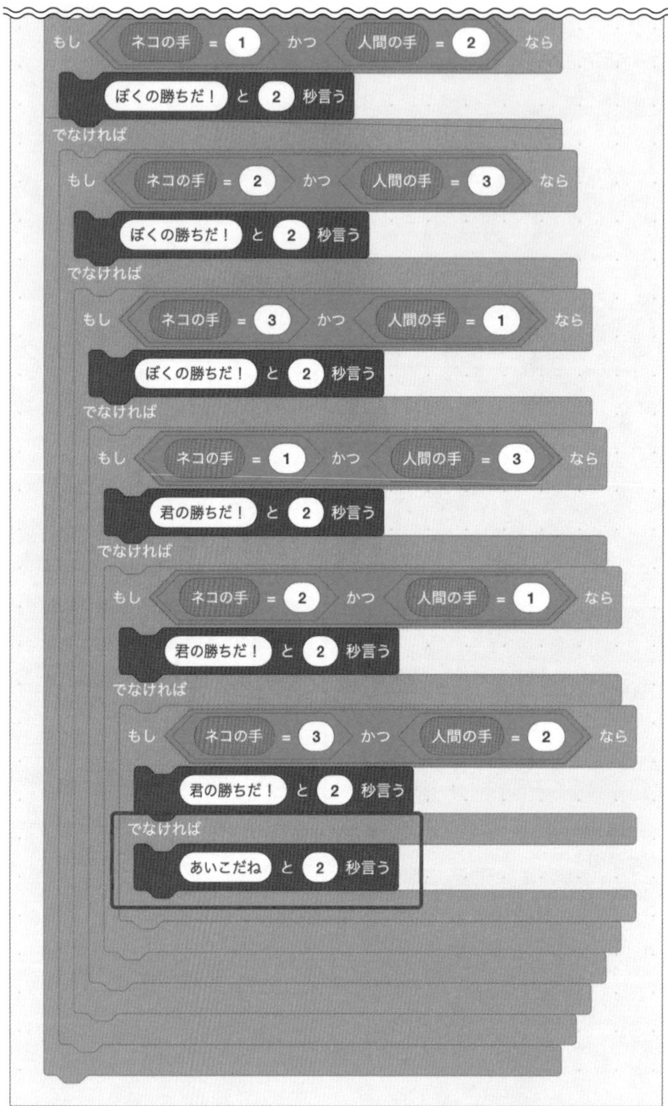

使用ブロック

● 見た目→
「こんにちは！」と「2」秒言う

プログラム全体は以下のようになります。

●完成したプログラム

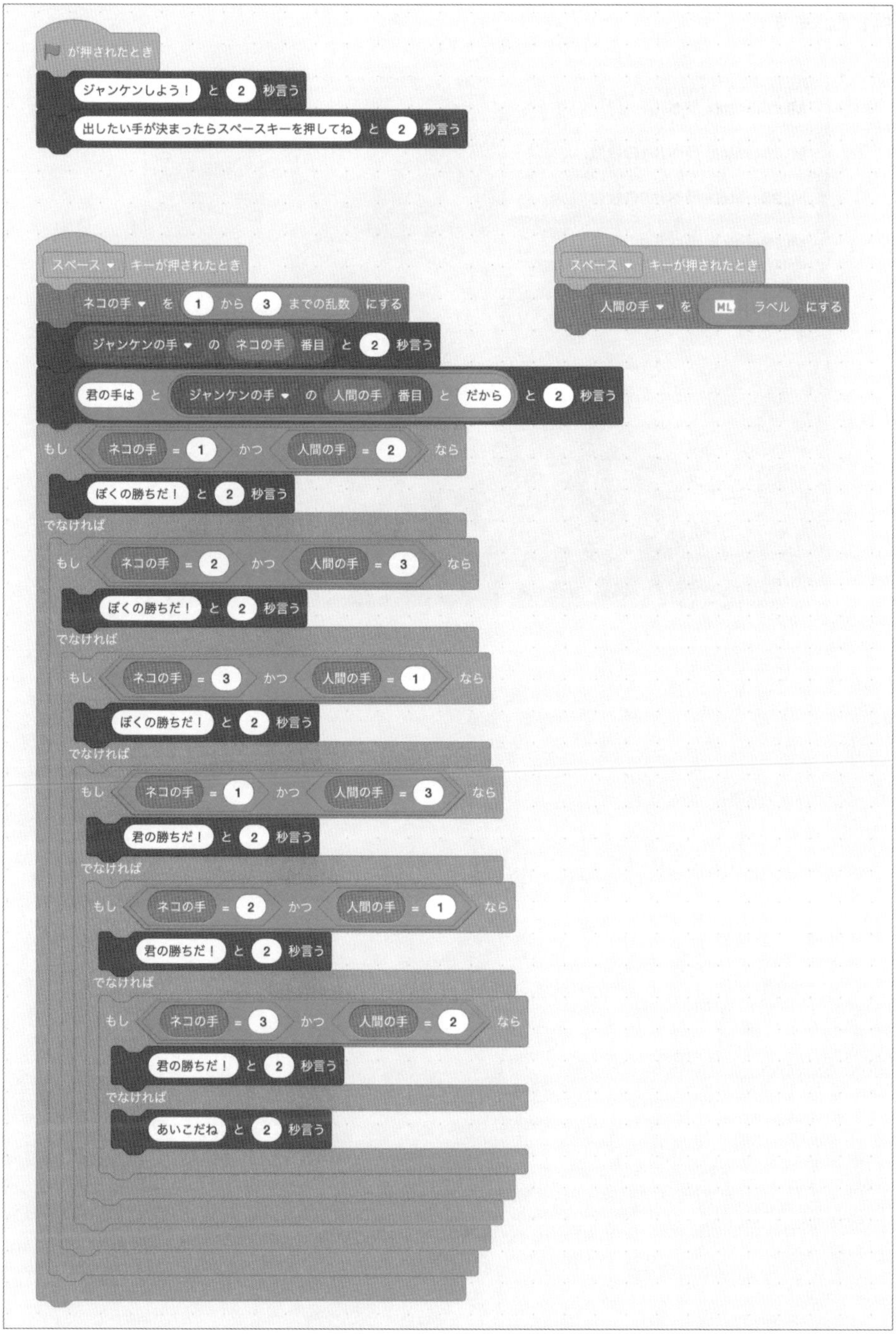

```
[旗] が押されたとき
ジャンケンしよう！ と 2 秒言う
出したい手が決まったらスペースキーを押してね と 2 秒言う

スペース キーが押されたとき
ネコの手 を 1 から 3 までの乱数 にする
ジャンケンの手 の ネコの手 番目 と 2 秒言う
君の手は と ジャンケンの手 の 人間の手 番目 と だから と 2 秒言う
もし ネコの手 = 1 かつ 人間の手 = 2 なら
  ぼくの勝ちだ！ と 2 秒言う
でなければ
  もし ネコの手 = 2 かつ 人間の手 = 3 なら
    ぼくの勝ちだ！ と 2 秒言う
  でなければ
    もし ネコの手 = 3 かつ 人間の手 = 1 なら
      ぼくの勝ちだ！ と 2 秒言う
    でなければ
      もし ネコの手 = 1 かつ 人間の手 = 3 なら
        君の勝ちだ！ と 2 秒言う
      でなければ
        もし ネコの手 = 2 かつ 人間の手 = 1 なら
          君の勝ちだ！ と 2 秒言う
        でなければ
          もし ネコの手 = 3 かつ 人間の手 = 2 なら
            君の勝ちだ！ と 2 秒言う
          でなければ
            あいこだね と 2 秒言う

スペース キーが押されたとき
人間の手 を ML ラベル にする
```

実際に試してみましょう。緑の旗をクリックしてプログラムをスタートさせます。

ジャンケンで出す手をカメラに見せて、用意ができたらスペースキーを押します。以下の例では、ネコの手はパー(3)で、人間はグー(1)を出しています。ネコが勝ちなので「ぼくの勝ちだ！」と表示されています。

▶プロジェクトのダウンロード／アップロード

本書で使用しているStretch3では、通常のScratchのように作成したプログラムが自動でサーバーに保存されません。あとでまた使うために取っておきたい場合には、「ファイル」→「コンピューターに保存する」を選んで、.sb3ファイルとして自分のパソコン上に保存します。

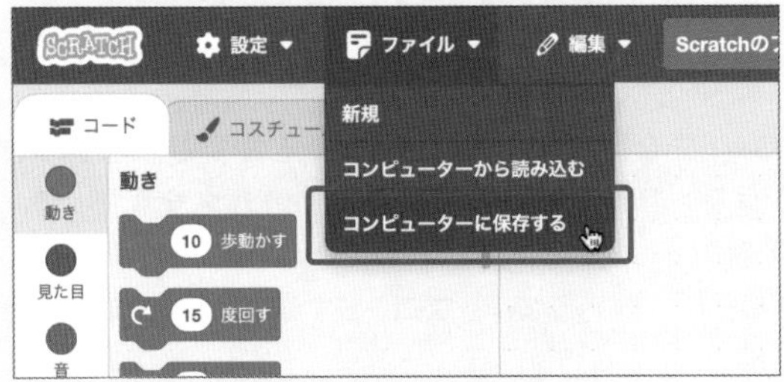

保存しておいたプログラムを再び開くには、「ファイル」→「コンピューターから読み込む」を選び、保存してあった.sb3ファイルを選びます。

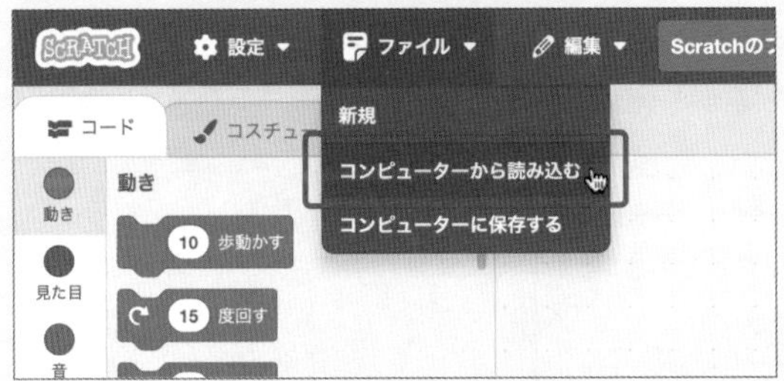

これにより、作りかけのプログラムや、本書で配布している完成済みのプログラムを使うことができます。なお、拡張子(.sb3)は同じですが公式のScratch(https://scratch.mit.edu/projects/editor/)からは読みこめませんので注意してください。

ML2Scratchを使っている場合には、このあとにあらかじめ保存してあった学習データをアップロードします。学習データのダウンロード／アップロードに関しては38ページを参照してください。

▶学習データのダウンロード／アップロード

ML2Scratchでは、「学習データをダウンロード」ブロックを使うことで、学習した分類モデルをパソコン上にダウンロードして保存しておくことができます。

このブロックをクリックし、ファイルのダウンロード先を指定して「保存」ボタンを押すと「<数字の列>.json」というファイルとして学習データが保存されます。保存する前にファイル名を変更して、覚えやすい名前に変えておくこともできます。
保存した学習データは、「学習データをアップロード」ブロックでアップロードすることができます。

ML 学習データをアップロード

このブロックをクリックすると、「学習データをアップロード」というウィンドウが開くので、「ファイルを選択」ボタンをクリックして、学習データのファイル（<数字の列>.json）を選んだあと、「アップロード」ボタンをクリックします。このとき、いままで学習していたデータは上書きされてしまうので注意してください。

たとえば自分の顔をラベル1に、友だちの顔をラベル2にひも付けした学習データを作ったとします。この分類モデルをダウンロードしたファイルを別のパソコンにコピーし、そこでML2Scratchを開いて分類モデルのファイルをアップロードすれば、そのパソコン上でもあなたの顔と友だちの顔を分類することができるようになります。
パソコン上に保存された学習データのファイルは、json（ジェイソン）ファイルといって、テキストエディタで開いて中身を見ることができます。中身を見ると、たくさんの数値が並んだデータであることがわかります。
しかし、ファイルに保存されている数値は、分類のために使われるデータであって、それらの数値からあなたの顔や友だちの顔の写真を再現することはできません。
人工知能（AI）や機械学習がどんどん社会で活用されるようになってくると、こうした分類モデルのデータをどのように扱うべきかといった課題が出てくることでしょう。

コラム

少ない画像枚数でも認識できる理由

通常、機械学習で画像を認識しようという場合、1,000枚とか、ときには10,000枚といった大量の画像を学習させる必要があります。しかし、ML2Scratchでは10〜20枚くらいの少ない枚数の画像を学習しただけで、ある程度の精度で画像認識をすることができました。

これは、転移学習という、すでにできあがっている学習済みモデルをベースにして学習を行う技術を使っているからなのです。

ML2Scratchがベースとして使っているのは、MobileNetという、サイズが小さいながらも高性能な画像認識用の学習済みモデルです。実はこのモデル、ImageClassifier2Scratchでいろいろなものの名前を言い当てるのに使われていた学習済みモデルと同じものなのです。

全くゼロからの状態から学習するよりも、ある程度いろいろな物を知っている状態から学習したほうが、少ない時間で学習できるということです。

MobileNetは、ML2Scratchの拡張機能を追加したときに、サーバーからブラウザにダウンロードされます。Chromeのメニューで、「表示」→「開発 / 管理」→「デベロッパー ツール」を選んでデベロッパーツールを開き、「Network」のタブを選ぶと、ブラウザとサーバー間のネットワークの状態を観察できます。「拡張機能を選ぶ」画面で「ML2Scratch」を選んでML2Scratchを追加すると、下図のようにgroup1-shard1of1、group2-shard1of1 といったファイルが下記の場所からダウンロードされます。

https://storage.googleapis.com/tfjs-models/tfjs/mobilenet_v1_0.25_224

これらのファイルは、shard（英語で破片、かけらの意味）という名前が表す通りMobileNetを小分けにしたものであることがわかります。

2章

音声認識編

声を聞き分ける デジタルペットを作ろう

みなさんは声を聞いただけで相手がだれかわかりますか？ 身近で親しい人ほど聞き分けることは簡単だと思います。機械学習を使った音の認識と分類のしくみを用いて、声を聞き分けて返事をしてくれるデジタルペットを作ってみましょう。家族や友だちが「こんにちは」と声をかけて、「こんにちは、○○さん」と相手に合わせた返事をするという機能を実現します。この章では「Teachable Machine」というツールと、「TM2Scratch」という拡張機能を使います。

この章で学ぶこと

こんな簡単に機械学習のアプリが作れるなんて、
思わなかったわ。楽しい！

でしょ？
もっといろいろ、試したくなってきた？

もちろん！ほかにも、やってみたい！

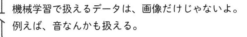

機械学習で扱えるデータは、画像だけじゃないよ。
例えば、音なんかも扱える。

いろいろな音を学習して、何の音かを
聞き分けられるようになるの？

そのとおり。キッカやシュウの声を学習して、聞き分けて、
それぞれに応じて違う返事をすることだってできるよ。

まるで、ペットみたいだね。デジタルなペット。

君たちカンがさえてるね。
ここでは、デジタルペットを作ってみるよ。
さぁ、出ておいで〜

わぁ！かわいい〜！

何か話しかけてみてごらん。
こんにちは〜。
「こんにちは、シュウ君」
わぁ、ぼくのこと、わかったんだ！
次は私の番ね。こんにちは〜、ひよこちゃん！
「こんにちは、キッカさん」
うれしい！自分の声を聞き分けてくれるなんて。
ペットの見た目は、君たちの好きなものを選べるからね。
家族とか、友だちとか、いろいろな人の声を
学習させてみるのも面白いかもよ。
これも、Scratchの拡張機能でできるの？
そうだよ！
1章で使ったものとは、また別の拡張機能を使うよ。
早くやってみた〜い！

2-1 Teachable Machineを使った機械学習

Teachable Machineは、Googleが提供している機械学習のオンラインツールです。インターネットに接続したパソコンとWebブラウザ、Webカメラがあれば、だれでも簡単にブラウザ上で分類モデルの作成を体験することができます。Googleが公開しているJavaScriptの機械学習ライブラリであるTensorFlow.jsの仕組みを使って動いています。本書の執筆時点では画像、音声、ポーズ（姿勢）の３種類の機械学習の環境が提供されています。以下のURLにさっそくアクセスしてみましょう。

Teachable Machine
https://teachablemachine.withgoogle.com/

「Teachable Machineとは何ですか?」の下にある動画などで、どのようなものかイメージがつかめると思います。

「使ってみる」のボタンを押してトップページから機械学習のプロジェクト作成の画面に移動します。

2-2 Teachable MachineとTM2Scratchの使い方

この章では、2-1で説明したTeachable Machineを使って分類モデルの作成を行い、Teachable MachineとScratchとをつなげる拡張機能「TM2Scratch（ティーエムツースクラッチ）」*を使ってプログラムの作成を行います。

1章で使ったML2Scratchの場合は、ML2Scratch上で分類モデルの作成とプログラムの作成の両方を行いました。

Teachable MachineとTM2Scratchを使って機械学習のプログラムを作る場合、分類モデルがGoogleのサーバー上に保存されるため、分類モデルをダウンロードしなくても保存しておけますし、学習を行ったパソコンとは違うパソコンからでも、その分類モデルにアクセスできるというメリットがあります。たとえば、友だちが作成した分類モデルを使って、自分のパソコンでプログラムすることもできます（その逆も可能です）。

● ML2ScratchとTM2Scratchの違い

	ML2Scratch	TM2Scratch
分類モデルを保存しておく場所	Scratch内 （ローカルマシンのメモリ上）	クラウド上
対応する学習機能	画像認識	画像認識、音声認識
こんな場合に便利	Scratch内で分類モデルの作成もプログラミングもまとめて行えるので、分類モデルを修正しながらプログラムを試すといった試行錯誤がしやすい。また、Scratchのステージ画面自体を学習・認識することができ、手書き文字認識のようなプロジェクトが可能	分類モデルはクラウド上に保存されるので、同じモデルを利用して別のパソコンでプログラムしたり、他の人と分類モデルを共有しやすい

Teachable MachineとTM2Scratchの使い方を解説するために、簡単な画像認識プログラムを実際に作ってみましょう。

*注：ソースコードはここを参照。https://github.com/champierre/tm2scratch

1 分類モデルの作成

画像をコンピューターに学習させて、分類モデルを作成するまでは、Teachable Machineのサイト上で行います。

Teachable Machineをブラウザで開き、「使ってみる」ボタンを押します。すると下図のように、「画像プロジェクト」、「音声プロジェクト」、「ポーズプロジェクト」を選べる画面になるので、「画像プロジェクト」を選択します。次の「新しいイメージプロジェクト」の画面では、「標準の画像モデル」を選択します。

画像をラベルごとに学習させて、分類モデルを作成し、分類がちゃんと行われるかをテストするまでは、Teachable Machineのサイト上で行います。学習の画面は、以下の3つのブロックに分かれています。

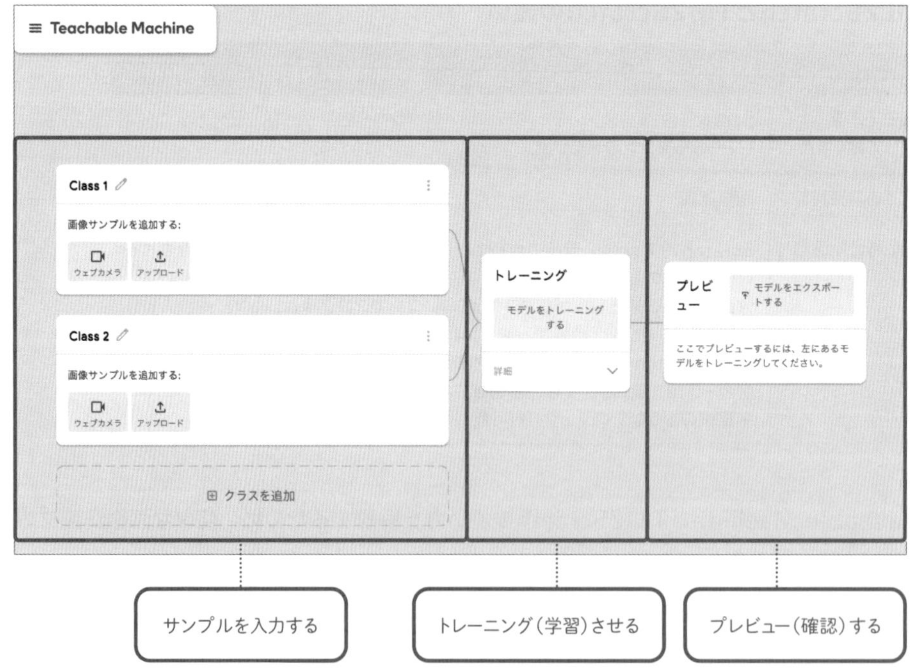

これから説明する例では、普通の状態と右手をあげた状態の2種類を学習させてみます。

まず「普通」の状態を学習させます。左上の「Class 1」となっているラベル名を、すぐ右にある編集ボタン（えんぴつのマーク）を押して「普通」というラベル名に変更しましょう。ここで学習させるのは、手をあげたりしていない「普通」の状態です。

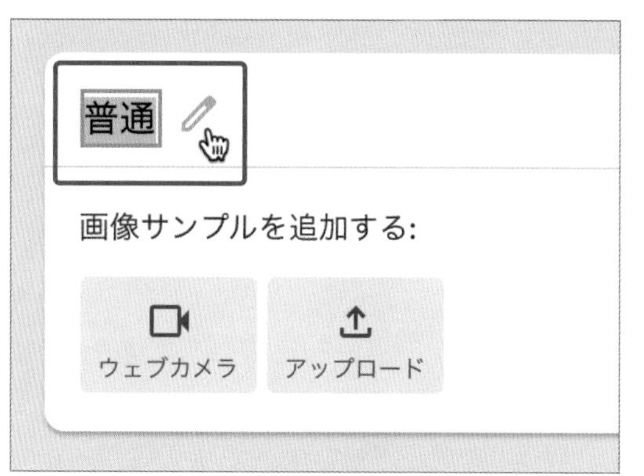

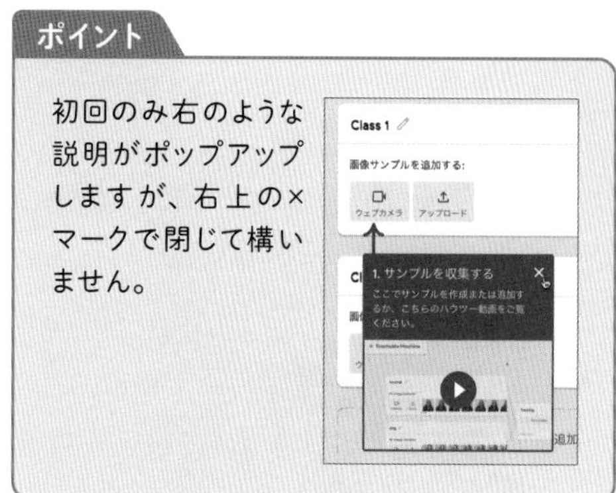

ポイント
初回のみ右のような説明がポップアップしますが、右上の×マークで閉じて構いません。
Class 1
1. サンプルを収集する

画像を学習させるには、Webカメラを使ってその場で撮影する方法と、撮影済みの画像や作成済みの画像を読みこませる方法があります。

今回はWebカメラでその場で撮影してみましょう。ラベル名の下にある「ウェブカメラ」のボタンを押してください。初めて使う場合、Webカメラの使用をこのサイトに許可する画面が現れるので、ウィンドウから「許可する」をクリックします。

許可をすると、カメラのプレビュー画面が表示され、その下に「長押しして録画」というボタンが現れますので、それを押して、何もしていない様子を撮影してください。ボタンを押している間、連続的に撮影されます。

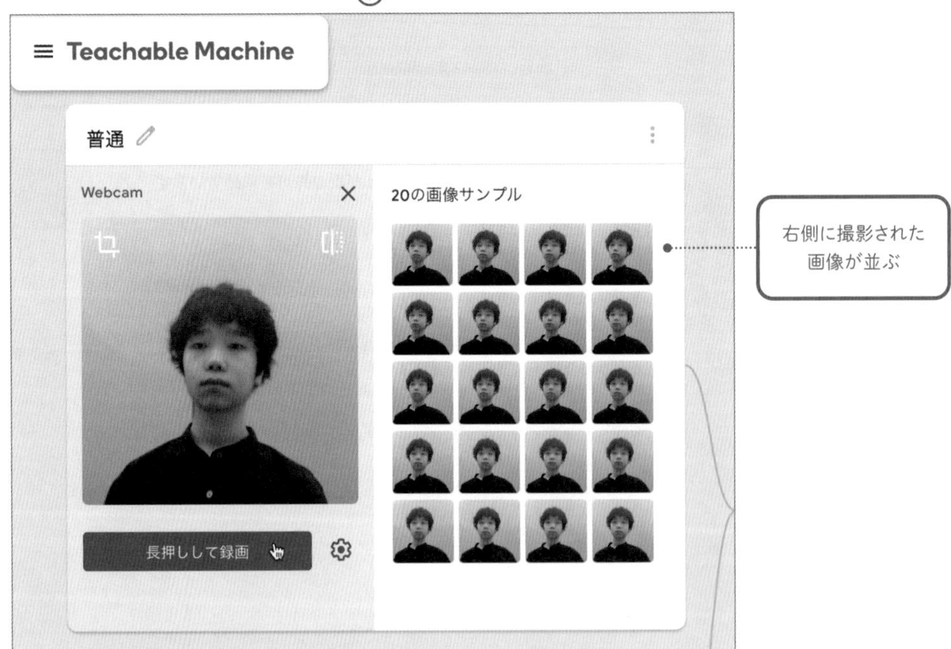

撮影された画像は右側に並びます。20サンプル程度撮影してみましょう。このとき、完全にじっとするのではなく多少体をゆらしたり、顔の向きを変えておくと、なんでもない「普通」の状態にも変化があることを学習させることができます。

次に「Class 2」のラベル名を「右手をあげる」に変更して、同じように20サンプル程度撮影します。

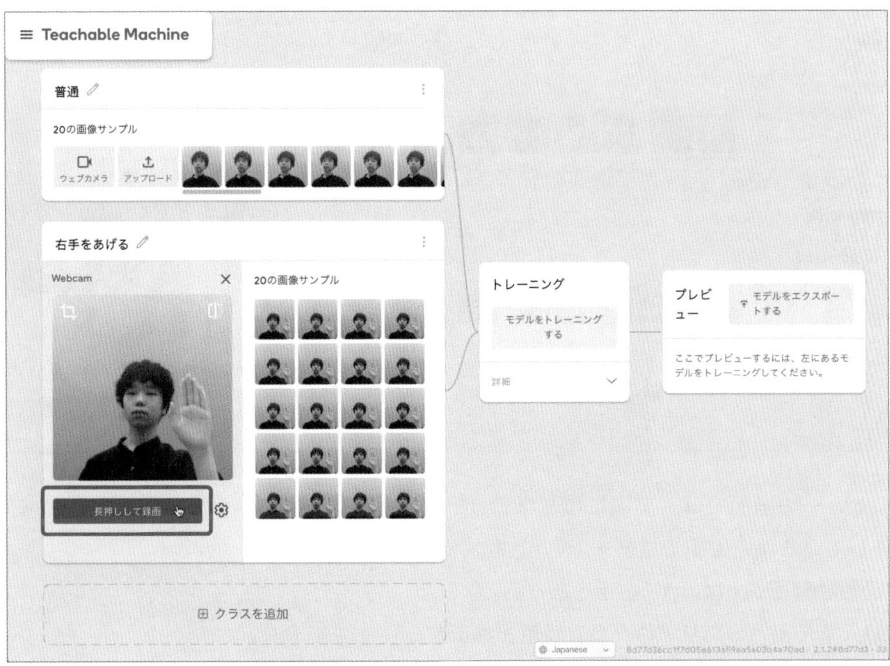

「普通」「右手をあげる」の撮影が終わったら、中央の「トレーニング」エリアの「モデルをトレーニングする」ボタンを押しましょう。

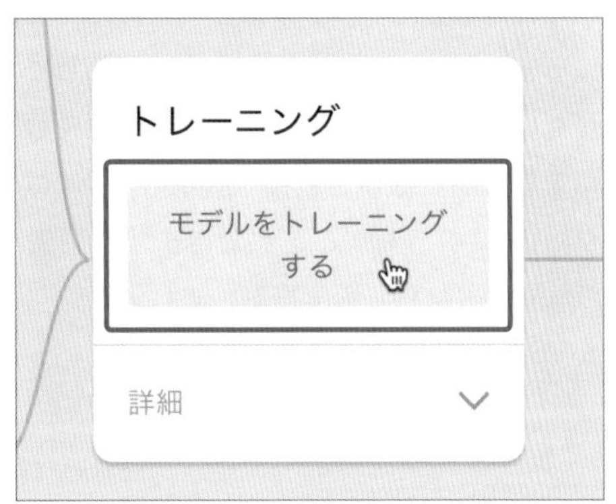

ポイント

初回のみ右のような説明がポップアップしますが、右上の×マークで閉じて構いません。

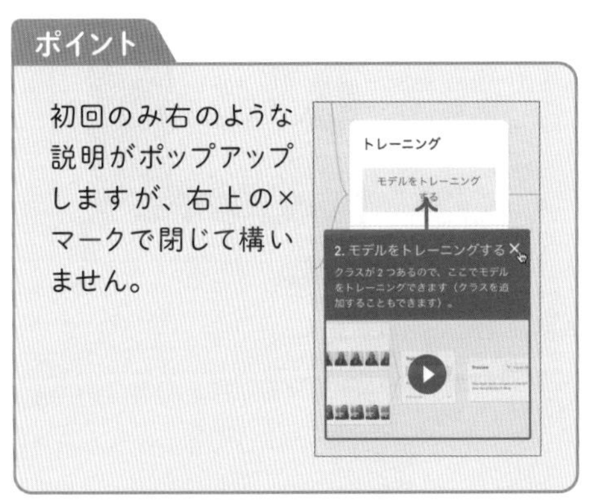

しばらくすると学習が完了し、右の「プレビュー」の画面が動き始めます。

プレビューの画面では、実際に機械学習がうまく動作しているかを確認できます。Webカメラに映った画像が「普通」なのか「右手をあげる」なのかを認識し、下の出力のエリアにグラフ表示されます。右手を上げたり下ろしたりしてみて、それぞれのラベルに対応したグラフがのびれば成功です。

うまくいっていない場合は、ふさわしくない画像がないか確認してみましょう。画像にマウスカーソルを重ねると表示される「削除ボタン（ゴミ箱マーク）」を押すと消すことができます。画像の数が足りなくなったら、再度撮影しましょう。

ポイント

初回のみ下のような説明がポップアップしますが、右上の×マークで閉じて構いません。

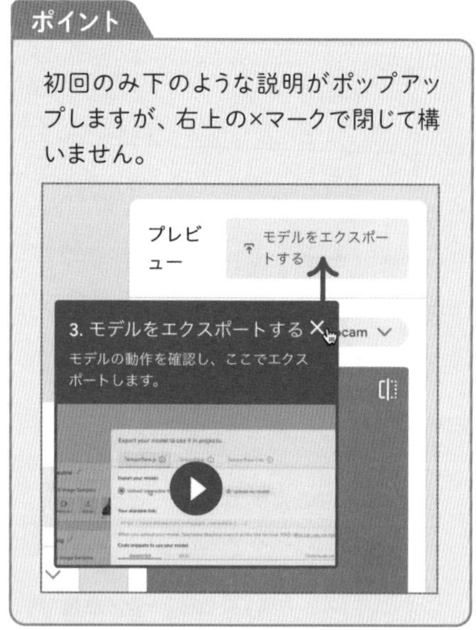

2 クラウドへのアップロード

プレビューの画面で、うまく分類まで行えることを確認したら、「モデルをエクスポートする」のボタンをクリックします。

「モデルをエクスポートしてプロジェクトで使用する」のウィンドウ上で、「モデルをアップロード」ボタンを押して、作成した分類モデルをクラウド上にアップロードします。

「共有可能なリンク：」の下のところに表示されるリンクをコピーするため、その横の「コピー」ボタン（四角いマークのところ）をクリックします。コピーしたURLは念のためメモ帳などに貼り付けておくと安心です。

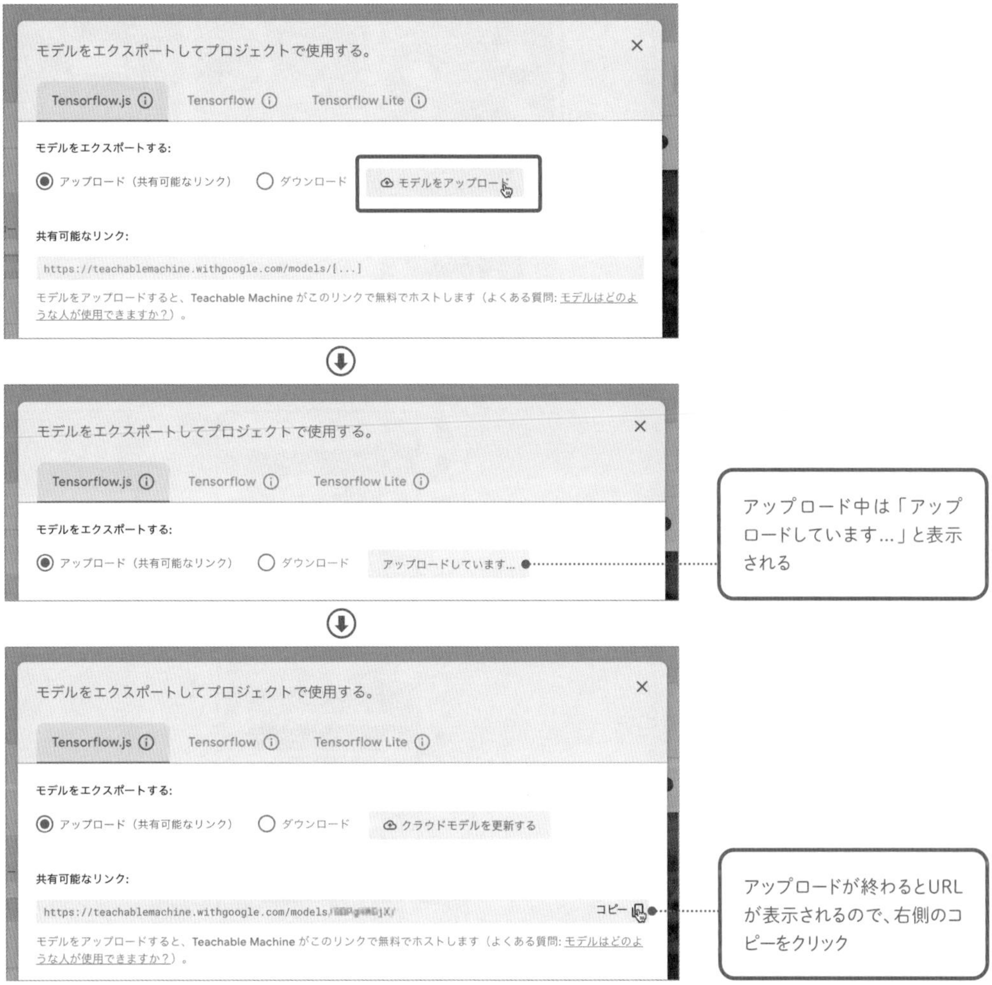

アップロード中は「アップロードしています…」と表示される

アップロードが終わるとURLが表示されるので、右側のコピーをクリック

3 TM2Scratchの準備

TM2Scratchは、Stretch3から利用します。使用するブラウザはChromeを推奨します。Chromeのアドレス欄に以下のURLを入力して、Stretch3を開きます。

Stretch3
https://stretch3.github.io/

「拡張機能を追加」(左下のブロックに+が付いた紫のボタン)をクリックして「拡張機能を選ぶ」画面を開きます。「拡張機能を選ぶ」画面では、以下のTM2Scratch拡張機能を選びます。

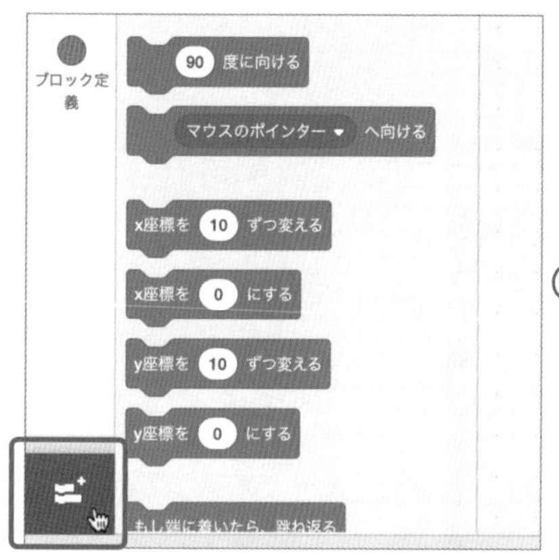

すると、以下のTM2Scratch用のブロックが追加されます。

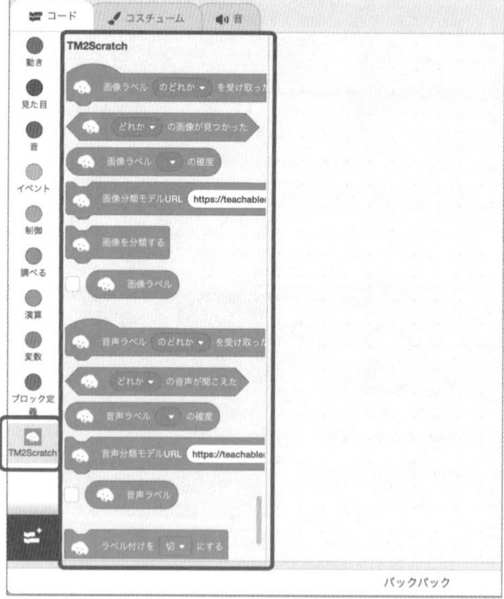

4 TM2Scratchでプログラミング

TM2Scratch用ブロックの中の「画像分類モデルURL」のブロックをコードエリアにドラッグ&ドロップして、URLの欄に51ページでコピーしたリンクをペーストします。

使用ブロック

●TM2Scratch→画像分類モデルURL

「画像分類モデルURL」のブロックをクリックすると、分類モデルをクラウド上よりダウンロードして読みこみます。読みこみには少し時間がかかり、その間はブロックが黄色いわくで囲まれます。読みこみが完了すると、以下の「ラベルのどれかを受け取ったとき」の「のどれか」の横の▼印をクリックすれば、読みこんだ分類モデルの各ラベル（「普通」と「右手をあげる」）が選択できるようになります。

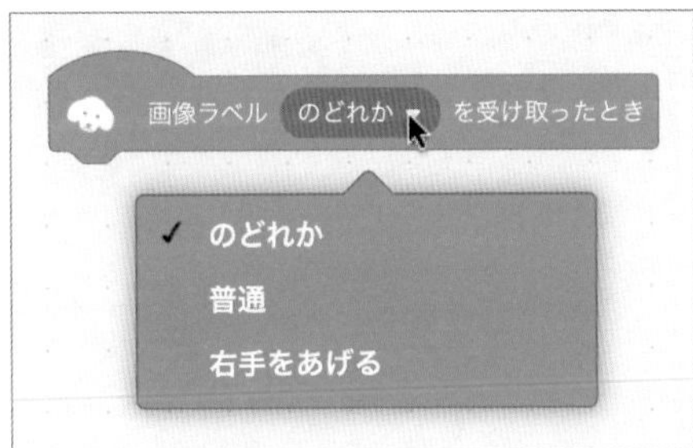

使用ブロック

●TM2Scratch→画像ラベル「のどれか」を受け取ったとき

右手を上げたときに、ネコに「こんにちは！」と言わせるプログラムを作ってみましょう。以下のようになります。

●完成したプログラム

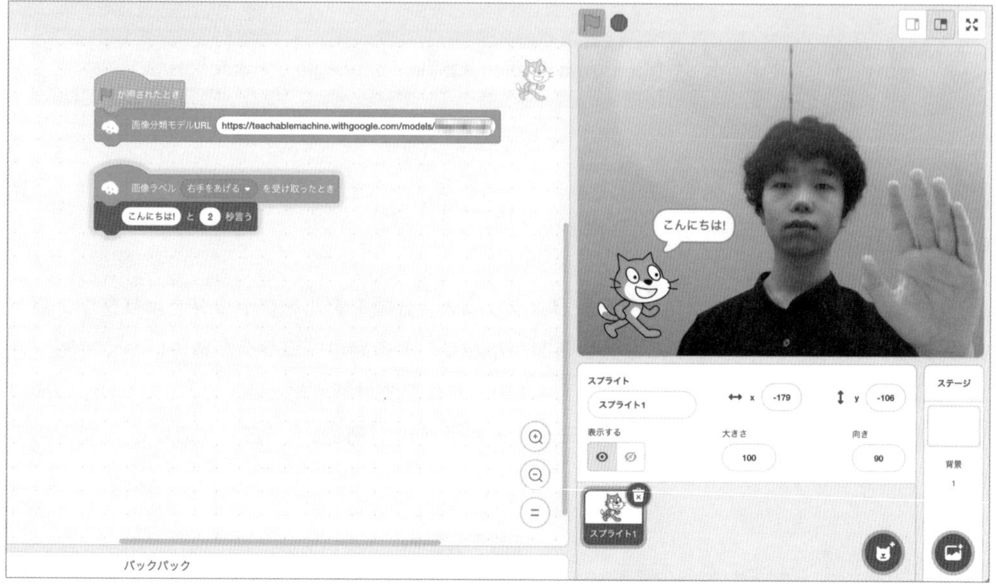

使用ブロック

- イベント→旗が押されたとき
- 見た目→「こんにちは！」と「2」秒言う

2-3 Teachable Machineで音声を学習させる

Teachable MachineとTM2Scratchの使い方に慣れたところで、いよいよデジタルペットを作っていきましょう。話しかけた人の声を判別して、その人の名前を返してくれるようにプログラムを作ります。

音声を学習するには、左上のメニュー（3本線の部分）から「新しいプロジェクト」を選んだあと、真ん中の「音声プロジェクト」をクリックして開いてみましょう。

下図のように左端（ひだりはし）にパネルが縦に並んでいます。上からバックグラウンド ノイズ、Class 2となっており最初は2つだけですが、「クラスを追加」をクリックして増やすことができ、複数の音のラベルを認識させることができます。

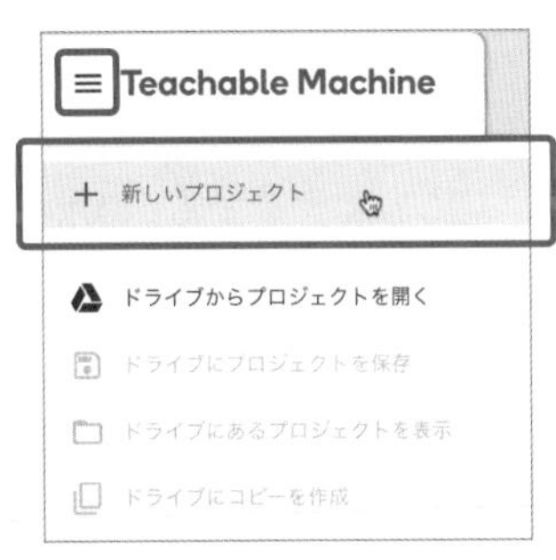

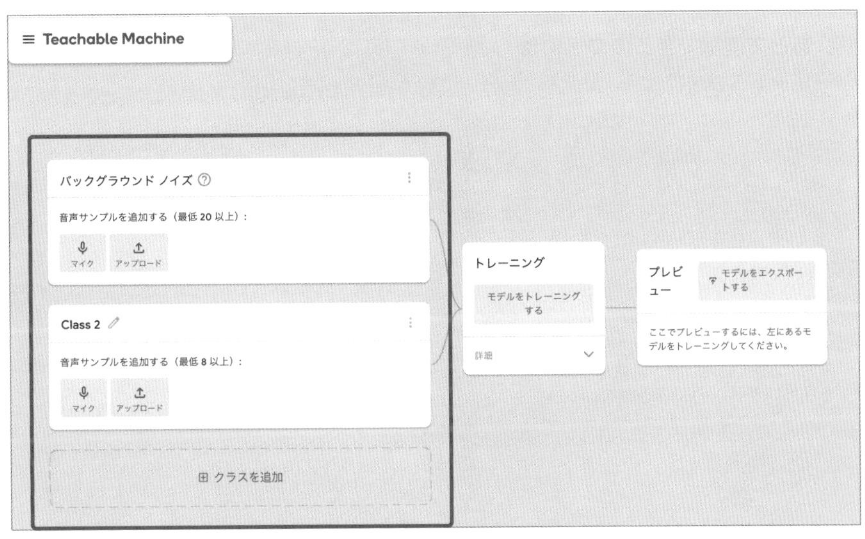

■1 背景音の録音

最初に無音(むおん)状態、つまり背景のノイズを学習させてみましょう。バックグラウンド ノイズのクラスに、認識させたい音以外の周辺環境の音を録音します。通常の部屋であれば「しーん」とした音になりますし、屋外や教室などであれば「ざわざわ」といった音が録れれば大丈夫です。47ページの画像認識の「普通」と同じような役目ですね。

バックグラウンド ノイズのクラスの中の「マイク」ボタンを押します。マイクの使用の許可を求める画面が開くので「許可する」をクリックします。

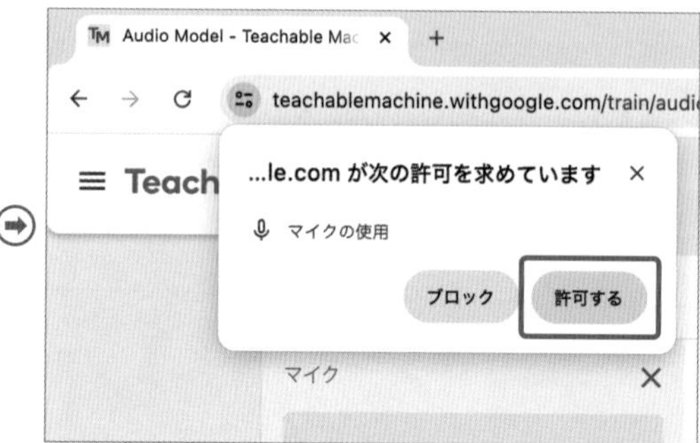

「20秒間録画する」のボタンを押すと録音が始まります。バックグラウンド ノイズの録音は20秒かかりますので、ボタンを押したら静かにしばらく待ちましょう。もし途中で音が入ってしまっても、あとで削除できるので気にせず進めてください。

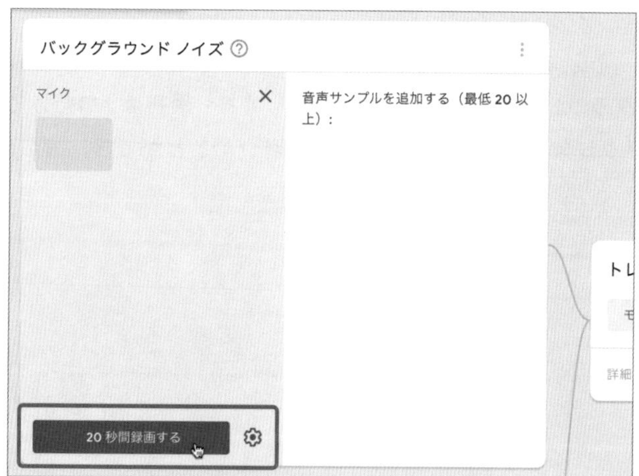

録音が終わったら、「サンプルを抽出（ちゅうしゅつ）」ボタンを押して右側へ音声サンプルを追加します。

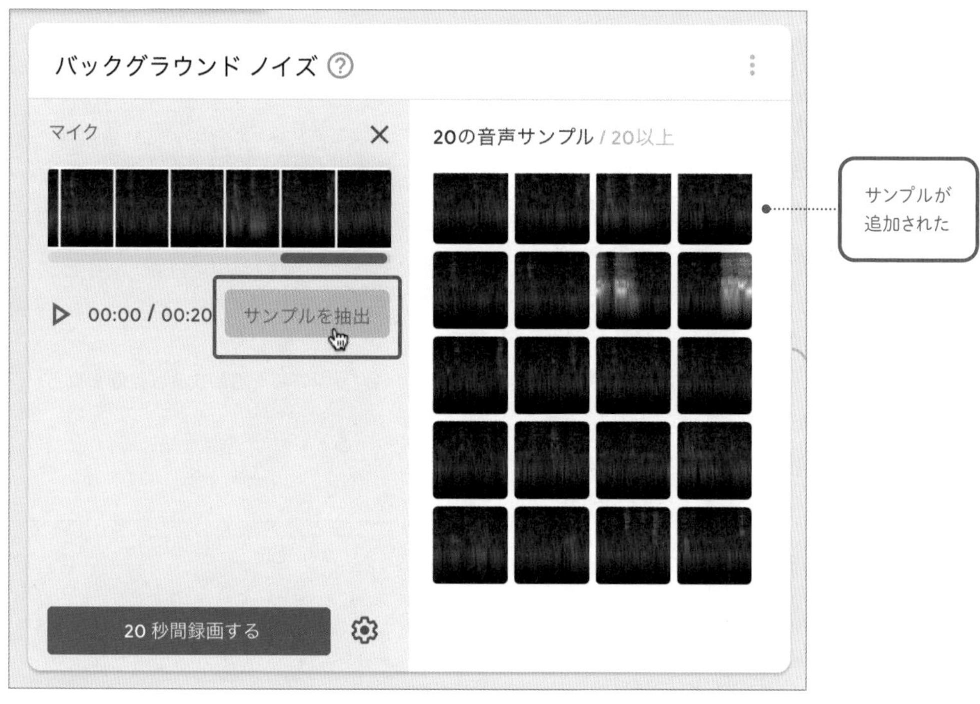

ポイント

▷マークで、録音した音を聴くことができます。

録音した20秒の音声が1秒ずつに区切られ、右側に20のサンプルが登録されました。バックグラウンド ノイズのサンプル数は最低20サンプル必要です。上の例では、2つのサンプルに明るい色の部分がありますが、録音中に2回、せきばらいをしてしまったためです。色の明るさは音の強弱を表し、明るい箇所（かしょ）には目立つ音が入っていると考えられます。

ここは背景のノイズ（無音（むおん）状態）をサンプルしたいので、明るい色の入った不要なサンプルは削除しましょう。削除したいサンプルの上にカーソルを持っていくとゴミ箱マークが現れるので、それを押すと削除できます。

サンプル数は18になりますが、再度「サンプルを抽出」ボタンを押してサンプルを追加し、先ほどと同じように目立つ音の入った2つのサンプルを削除して、最終的には36サンプルとしてみました。

2 「こんにちは」の録音

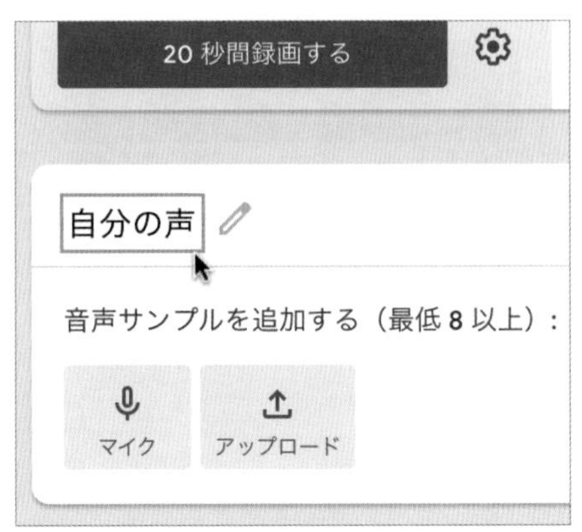

ここからは、実際に認識させるClassごとのサンプル作成に入ります。今回は、家族や友人など異なる人の「こんにちは」を、それぞれのクラスに分けて録音します。

Class 2に、自分の「こんにちは」を録音してみましょう。まずは、クラス名を好きな名前に変更しておきます（ここでは「自分の声」としてみました）。「マイク」ボタンを押して「2秒間録画する」のボタンを押すと録音が始まります。このときの録音時間は2秒なので、ボタンを押したら、一度「こんにちは」と言うくらいでよいでしょう。

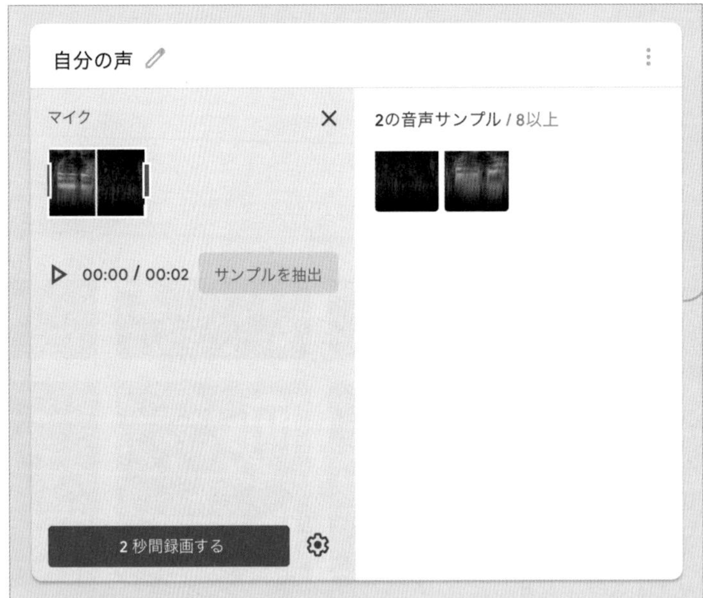

ポイント

クラス名を変更するには、ラベル名横のえんぴつマークをクリックします。

先ほどのバックグラウンド ノイズと同様に、録音後「サンプルを抽出」ボタンを押して右側へサンプルを追加します。左の例の場合、2つ目のサンプルに明るい部分があり、音声がしっかり入っています。各クラスではバックグラウンド ノイズとは違い、認識したい音声だけをしっかりサンプルするほうがよいため、明るい部分のないサンプルは削除するといいでしょう。バックグラウンド ノイズと手順は異なり、こちらは何回か「2秒間録画する」「サンプルを抽出」のボタンを交互に押して録音と追加を繰り返しましょう。各クラスのサンプル数は最低8サンプル必要です。

1人分の録音が終わったら、下にある「クラスを追加」を押して3つ目のクラスを作り、同じ方法で別の人の「こんにちは」を録音します（ここでは「お母さんの声」としてみました)。2人分の録音が終わった状態は以下のようになります。

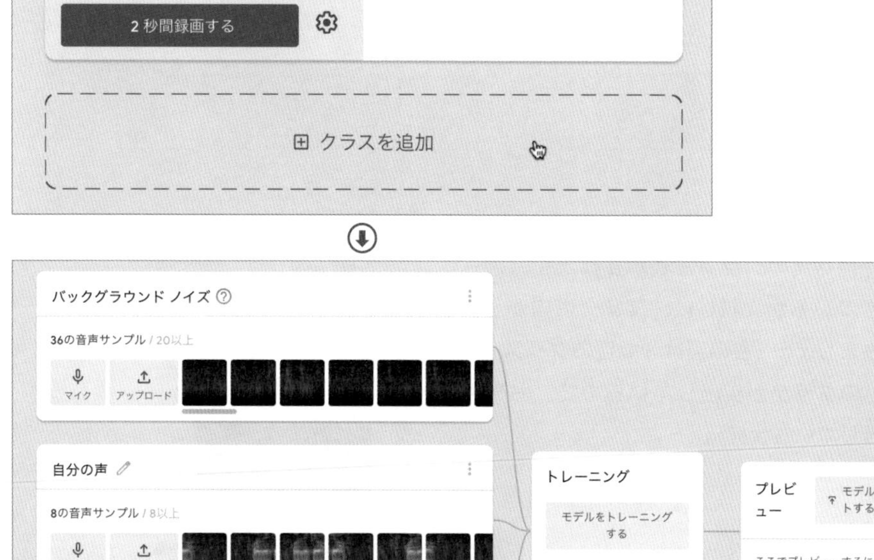

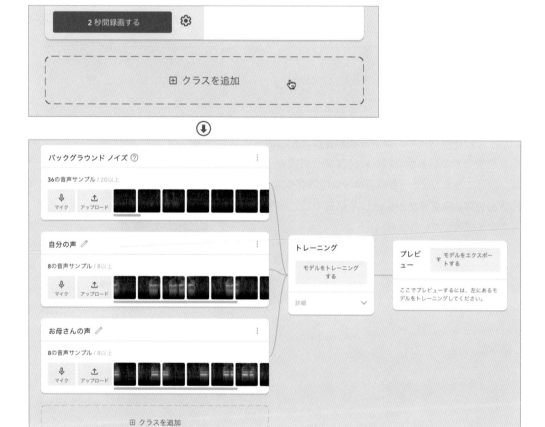

3 録音した音声を学習させる

認識したい人の声の録音がすべて終わったら、トレーニングの中にある「モデルをトレーニングする」ボタンを押して、これらのサンプルを学習させます。

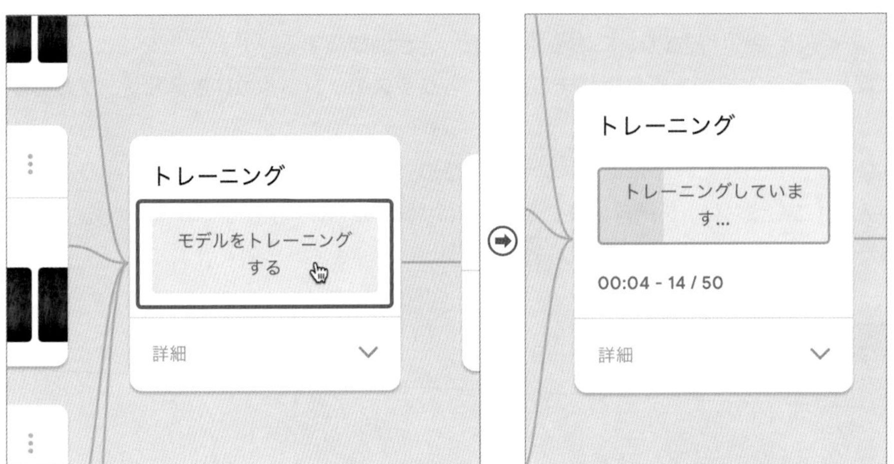

しばらくすると学習が終わり、一番右のプレビューのパネルに認識状況のグラフが表示されます。きちんと学習できているか、試しに、マイクに向かって話しかけてみましょう（右の図は3つ目のクラス「お母さんの声」のグラフが突出(とっしゅつ)しているので、お母さんの声を認識している状態）。

認識が思ったように動いていない場合、バックグラウンド ノイズ以外のクラスの中の無音部分（明るい色がない部分）の多いサンプルを削除すると、改善する傾向があるようです。他にも、サンプル数を増やしてみるなど、いろいろな方法を試してみてください。

また、ここで作成したプロジェクトを一度保存しておくとよいでしょう。左上の3本線のメニューを開くと、Googleドライブ（ドライブにプロジェクトを保存）や自分のパソコンのドライブ（プロジェクトをファイルとしてダウンロード）に保存できます。開くときもこちらのメニューを開いてプロジェクトを読みこんでください。

2-4 分類モデルをアップロードしてScratchとつなぐ

プレビューで認識がうまく動くようになったら、Teachable Machineの分類モデルをインターネット上にアップロードして、Scratchにつないでみましょう。

まず分類モデルをアップロードします。プレビューパネルの「モデルをエクスポートする」ボタンを押すと図のようなウィンドウが開きます。

プレビュー
モデルをエクスポートする
入力
オン

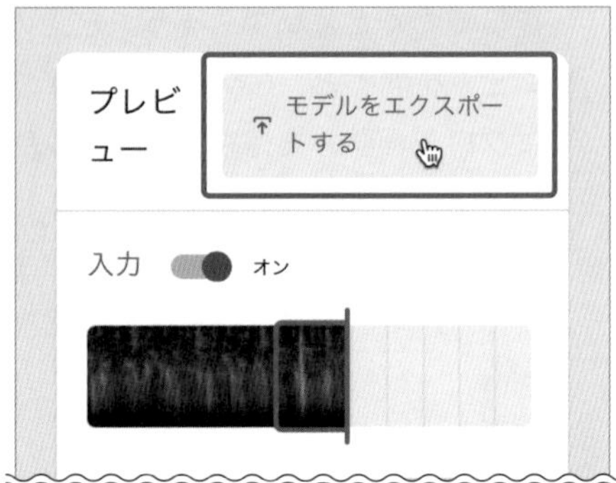

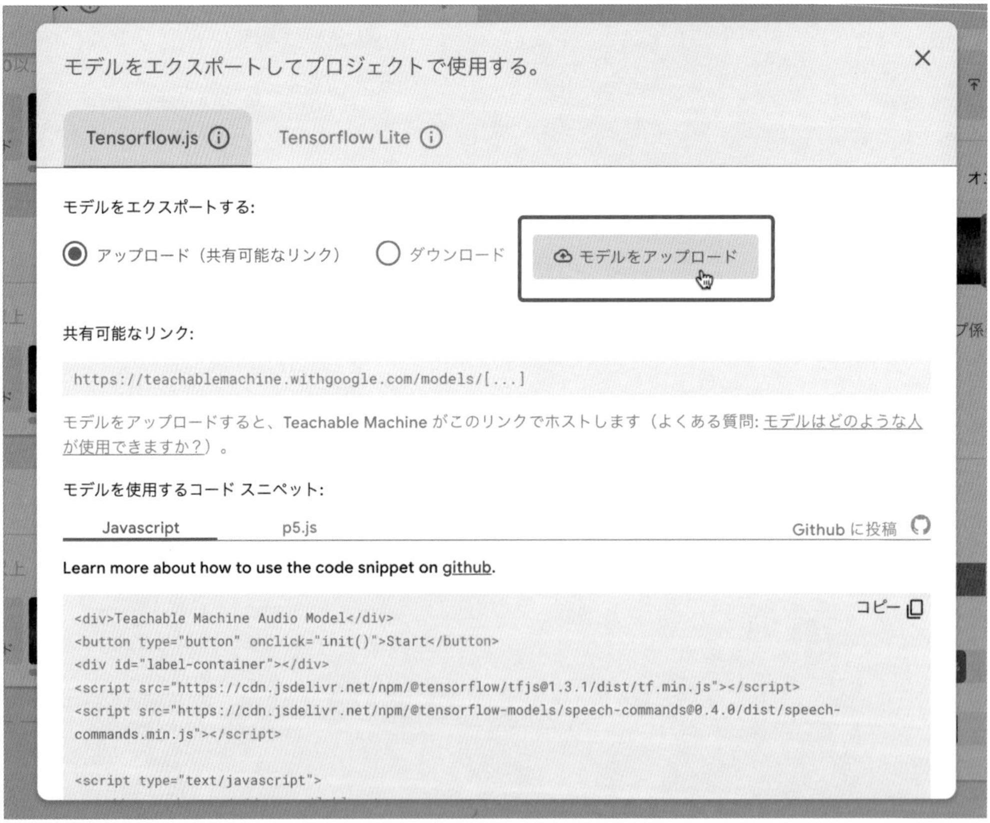

モデルをエクスポートしてプロジェクトで使用する。
Tensorflow.js
Tensorflow Lite
モデルをエクスポートする:
アップロード（共有可能なリンク）
ダウンロード
モデルをアップロード
共有可能なリンク:
https://teachablemachine.withgoogle.com/models/[...]
モデルをアップロードすると、Teachable Machine がこのリンクでホストします（よくある質問: モデルはどのような人が使用できますか？）。
モデルを使用するコード スニペット:
Javascript
p5.js
Github に投稿
Learn more about how to use the code snippet on github.
コピー
<div>Teachable Machine Audio Model</div>
<button type="button" onclick="init()">Start</button>
<div id="label-container"></div>
<script src="https://cdn.jsdelivr.net/npm/@tensorflow/tfjs@1.3.1/dist/tf.min.js"></script>
<script src="https://cdn.jsdelivr.net/npm/@tensorflow-models/speech-commands@0.4.0/dist/speech-commands.min.js"></script>
<script type="text/javascript">

「アップロード（共有可能なリンク）」を選択して、「モデルをアップロード」を押しましょう。「アップロードしています…」というメッセージが出て、しばらく時間がかかりますが、完了すると「共有可能なリンク」の欄のURLが更新（こうしん）され、選択できるようになります。URLの右の「コピー」を押して、これをコピーしておきます（51ページの画面を参照）。

次に、Stretch3を開きましょう。以下のURLを開いてください。TM2Scratchの拡張機能を読みこむやり方は、2-2の**3**（52ページ）を参照してください。

Stretch3

https://stretch3.github.io/

画像認識用のビデオがオンになってステージに画像が表示されますが、ここでは使わないので、以下の「ビデオを切にする」ブロックをクリックしてビデオを非表示にして構いません。

最初に、デジタルペットとなるスプライトを読みこんでみましょう。ペットらしければどれでも構いませんが、今回は「動物」カテゴリでしぼりこんだうえで、簡単に口を動かせるように、「Chick（ひよこ）」を選んでみました。

最初に表示されているネコのスプライトは使わないので、スプライトを選択して右上に出る「削除(ゴミ箱マーク)」のボタンを押して削除しましょう。

読みこんだひよこのスプライトにコードを追加していきます。Teachable Machineで共有した分類モデルを読みこむため、次のようなブロックを組み立てます。音声分類モデルURLのところには、先ほどTeachable Machineでアップロードした分類モデルのURLを貼(は)りつけてください(63ページでコピーしておいたURL)。初回の読みこみには少し時間がかかり、その間はブロックが黄色いわくで囲まれます。

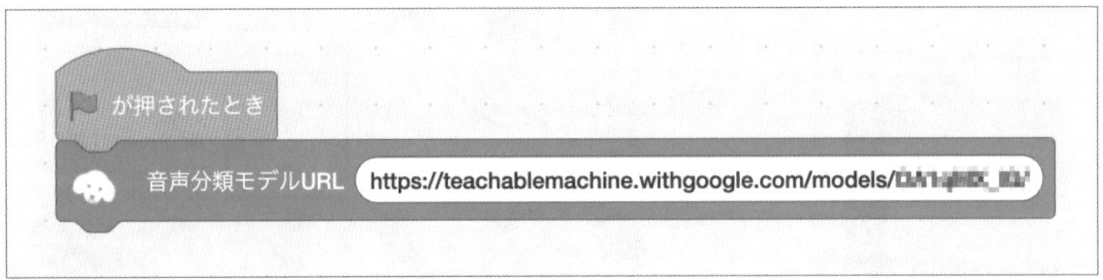

使用ブロック

- イベント→旗が押されたとき
- TM2Scratch→音声分類モデルURL

緑の旗を押して実行するとアップロードした分類モデルに接続されます。動作しているかどうかを確認するために、「音声ラベル」のブロックのチェックボックスをオンにします。

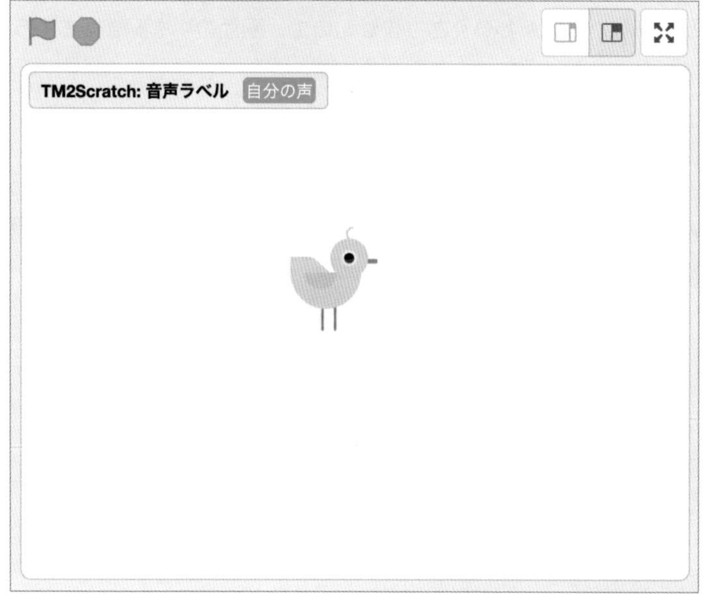

ステージ上に認識しているクラスが表示されます。先ほどのように、試しに、マイクに向かって話しかけてみましょう。自分が話しかけたら、ステージ左上の音声ラベルの右のところが「自分の声」に、別の人が話しかけたら、その人に対応したラベル名になれば、きちんと分類モデルが声を認識しています。

うまく動作しているのを確認できたら、Scratchのプログラムを作成します。

2-5 Scratchで デジタルペットをプログラムする

Teachable Machineの分類モデルをTM2ScratchでScratchに接続できれば、あとは通常のScratchプログラミングと同じです。今回は音声入力がされたことをきっかけに、分類によって処理(しょり)を振(ふ)り分け異なる返事をするプログラムを作っていきましょう。

1 ペットの動きをプログラムする

ペットということで、じっと動かないのはかわいくありませんので、画面の中を動き回るようにしましょう。動かすためのプログラムを、以下のように作ります。

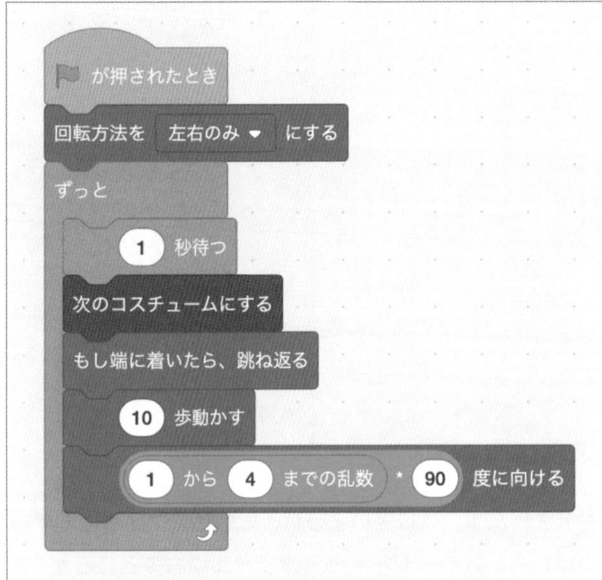

使用ブロック

- イベント→旗が押されたとき
- 動き→回転方法を「左右のみ」にする
- 制御→ずっと
- 制御→「1」秒待つ
- 見た目→次のコスチュームにする
- 動き→もし端に着いたら、跳ね返る
- 動き→「10」歩動かす
- 動き→「90」度に向ける
- 演算→「1」から「10」までの乱数
- 演算→「…」*「…」

基本的な動きは、1秒ごとに上下左右どちらかの方向に進むというものです。このスプライトには3つのコスチュームがあるので、それも切り替えるようにしてあります。「10歩動かす」のブロックと「90度に向ける」のブロックで、移動する距離と方向を決めています。方向は、「1から4までの乱数」に90を掛けることで、90(右)、180(下)、270(左)、360(上)の4方向としています。そのままだと、スプライトの見た目も回転してしまうので、「ずっと」の前に「回転方法を左右のみにする」も入れています。

「もし端に着いたら、跳ね返る」ブロックを入れていますが、これはステージからはみ出さないようにするためです。ランダムに動くので、端へと進み続けてステージからはみ出してしまうと、かわいい姿が見えなくなってしまいます。

コスチュームの変更は、順番に切り替える「次のコスチュームにする」ブロックを使いました。スプライトのコスチュームを確認するには、左上の3つのタブの中から「コスチューム」のタブを選びます。このひよこには3種類のコスチュームがあることがわかりますね。

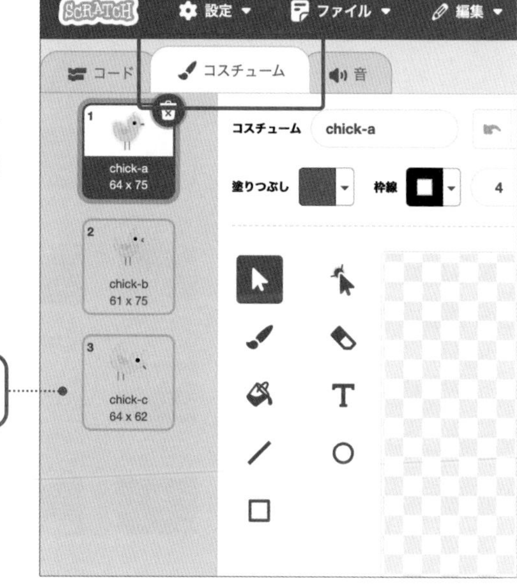

うまく動くようになったら、背景を追加しましょう。

画面右下にある「背景を選ぶ」ボタンをクリックして、Scratchの背景ライブラリを開きます。「屋外」カテゴリに切り替えて、このひよこに似合いそうな「Forest」という背景を選びました。

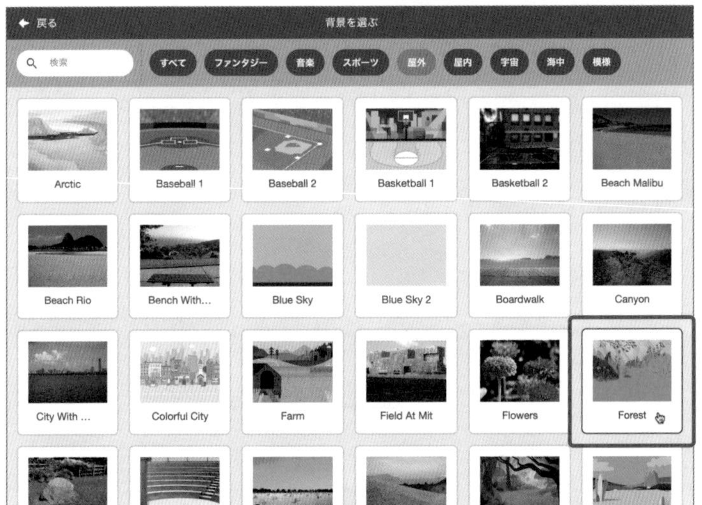

草の下をついばみながら歩き回るひよこが完成しました。

2 ペットが返事をするプログラムを作る

次に、このひよこがTeachable Machineの結果に基づき、返事をするプログラムを作っていきます。以下のように、ブロックをつなぎます。

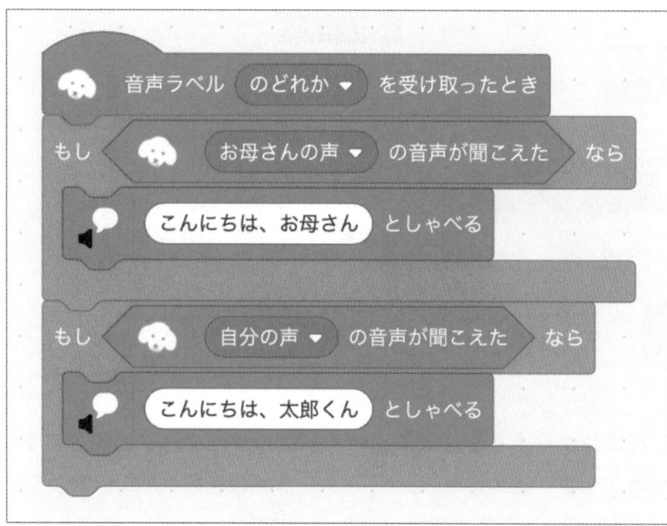

使用ブロック

- TM2Scratch→
  音声ラベル「のどれか」を
  受け取ったとき
- 制御→もし「…」なら
- TM2Scratch→
  「どれか」の音声が聞こえた
- 音声合成→
  「こんにちは」としゃべる

「音声ラベル『のどれか』を受け取ったとき」のイベントブロックで開始して、「もし…なら」のブロックで、クラスごとに返事を変えています。

「…としゃべる」ブロックは、拡張機能から「音声合成」を追加して使います。

声をかけてみると、どうでしょうか？ 呼びかけた人に合わせて返事をしてくれますか？

最後に、もう少し細かい部分を作りこんでいきましょう。このままだと音声合成で返事をする際に不自然な感じがするので、このひよこがしゃべっていることをわかりやすくするために、次のようなプログラムを書いてみます。

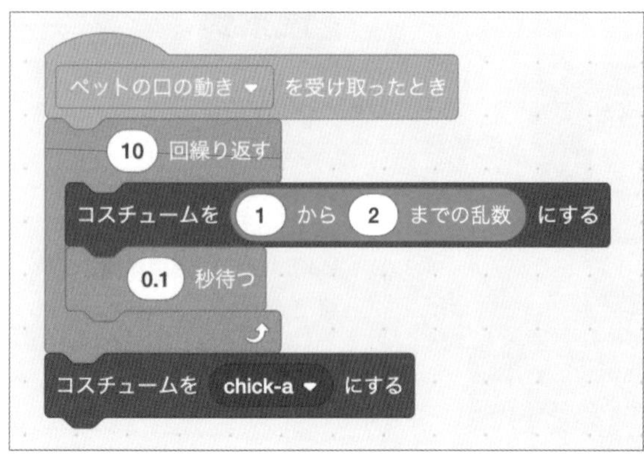

使用ブロック

- イベント→「メッセージ」を受け取ったとき
- 制御→「10」回繰り返す
- 見た目→コスチュームを「chick-a」にする
- 演算→「1」から「10」までの乱数
- 制御→「1」秒待つ

完成したブロックをクリックすればわかりますが、ひよこのくちばしがパクパクと動きます。3つあったコスチュームのうち、1と2を切り替えるために「1から2までの乱数」ブロックを使っています。繰り返しの回数や、「0.1秒待つ」の待ち時間はしゃべる内容などによって変えてください。最後に口が閉じた状態で終わりたいので、「コスチュームをchick-aにする」も追加しています。

このプログラムは「メッセージ」という機能で呼び出します。「イベント」カテゴリにある「『メッセージ1』を受け取ったとき」ブロックをコードエリアにドラッグ＆ドロップして、「新しいメッセージ」をクリックし、わかりやすいメッセージ名をつけます。ここでは「ペットの口の動き」というメッセージ名にしてみました。

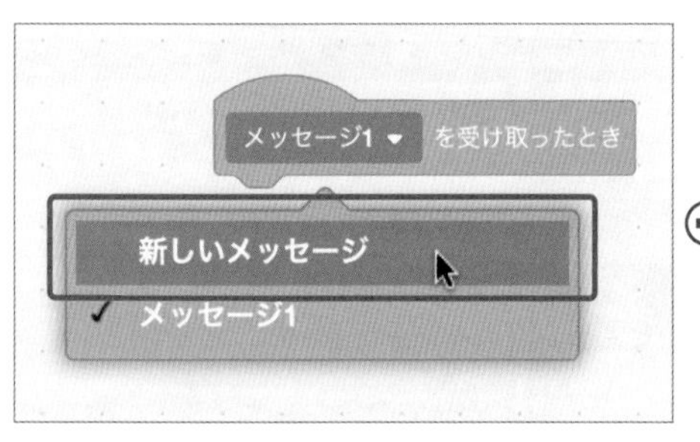

先ほど作ったしゃべるプログラムにも、「イベントカテゴリ」の「メッセージを送る」ブロックを2か所に追加し、「ペットの口の動き」を選択しておきましょう（以下のわくで囲んだ部分）。

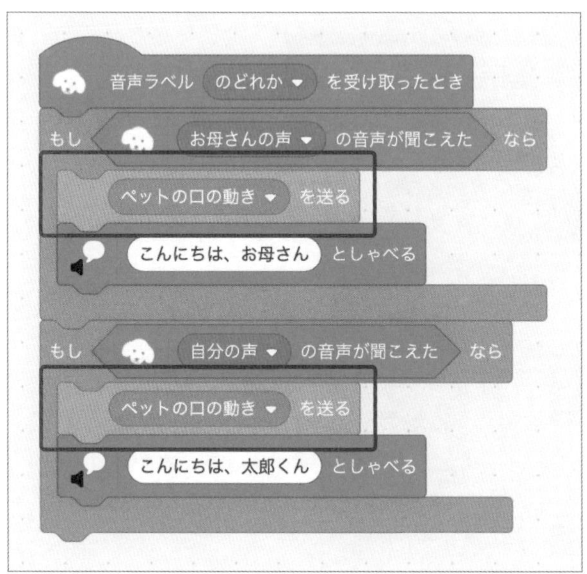

使用ブロック

●イベント→「メッセージ」を送る

「メッセージを送る」ブロックは瞬間的に処理されるので、口がパクパクした状態で合成音声が再生されるでしょう。

●完成したプログラム

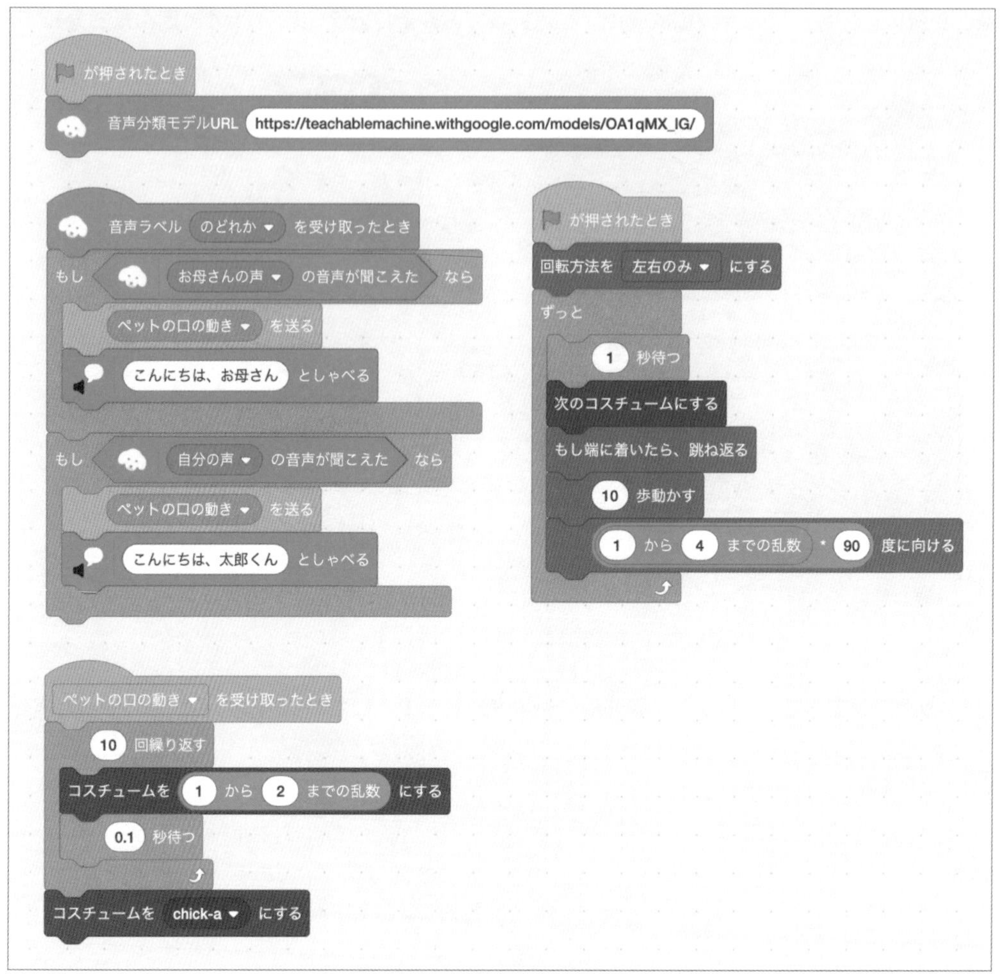

コスチュームを好きなものに変えたり、ペットに動きを加えたり、言う内容を変えたり、「こんにちは」以外の音声も学習させて複数の言葉に反応させるなど、工夫してみましょう。

コラム

小さなデバイスでも機械学習の処理が可能に

機械学習はぼう大なデータを集め、処理をすることから、当初はクラウド環境（インターネット越しのコンピューター）で分析や結果を計算するのがトレンドでした。

しかし、自動運転などのように瞬時の判断を必要とするケースでは、結果を得るためにクラウド環境との通信がボトルネックとなるため、それぞれの端末（自動運転の場合はそれぞれの自動車）が人工知能（AI）を用い、結果を判断する必要が出てきました。

また、それぞれの端末から判断の元となる画像を、ネットワークを介しクラウド環境に送って処理をする場合、クラウド環境で個人のプライバシーを守ることも課題となります。適切に管理されていたとしても、自動運転車が見た光景がどんどんクラウド上で共有され、万一その画像の漏洩などの事故が起こると、大変なことになってしまいますね。

そうした背景から、クラウド環境を介さず、それぞれ手元の機器で判断処理できるような「エッジAI」という手法が生まれました。学習済みの機械学習チップを搭載し、小さな基板だけで機械学習による判断などが可能なデバイスがいくつも生まれています。「HUSKYLENS」「M5StickV」などがその例です。

Gravity: HUSKYLENS（DFROBOT）。顔認識、オブジェクト追跡、オブジェクト認識、ライン追跡、色認識、タグ認識の機能を備えるAIカメラ。

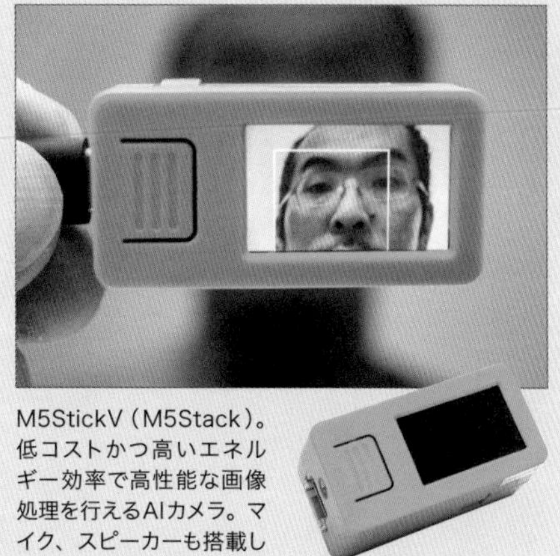

M5StickV（M5Stack）。低コストかつ高いエネルギー効率で高性能な画像処理を行えるAIカメラ。マイク、スピーカーも搭載している。

また、パソコンやスマートフォンにもAIの処理に特化した演算装置（NPU：Neural Processing Unit）が追加されるようになり、Raspberry Pi AI KitのようにAIプログラミングの環境も増えてきています。

3章

姿勢推定編

体を使った楽器プログラムを作ろう

この章では、顔や体のパーツを機械学習で認識して、体を使った楽器を作ってみます。カメラに映った人体から読み取られた体の部位の位置関係などをパラメーターにして、音を出す仕組みを考えてみましょう。この章では「PoseNet2Scratch」という拡張機能を使います。顔や体のパーツを認識するには、「PoseNet」を使います。すでに分類済みの状態のモデルを活用するため、1章や2章で行ったような画像／音声の学習作業や、クラスの指定をする必要はありません。

この章で学ぶこと

画像や音を学習させて、プログラムを作るの、楽しかったね。
もっともっといろいろなこと、できないのかな？

機械学習の世界はいま、とても注目されていて、
世界中の研究者やエンジニアたちが
便利な仕組みや分類モデルを作ってる。

どんどん進んでいるのね。

体の部分を判別させて、何か面白いアプリを作ってみる、
ってのはどう？

体の部分？

カメラに映った人の姿や顔から、
どこが目で、どこが鼻で、どこが右手で、どこが左足で…
っていう風に、すぐに判別することができるんだ。

そんなこともできるのね！

やってみよう。ぼくのカメラに映るように、
右の腕を上に上げてごらん。

こんな風に？

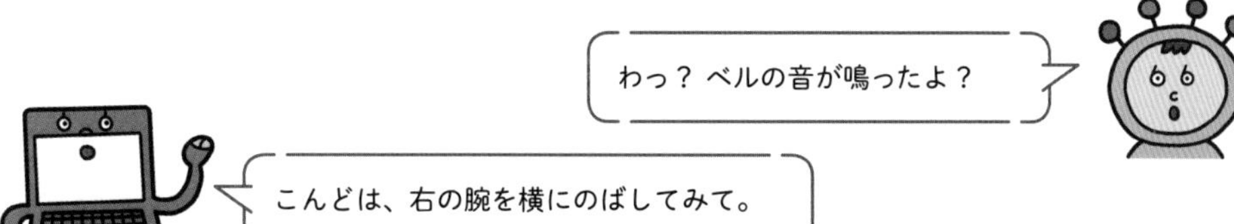

わっ？ ベルの音が鳴ったよ？

こんどは、右の腕を横にのばしてみて。

うん、やってみるよ！

今度は、キラキラの音！
魔法のつえみたい！

体のどこがどのように動いたかを判別して、
違う音が鳴るように、プログラムを作ってあるんだ。

すごい！でも、体の全部の部分を、学習させるのは大変そうだぞ…。
いったい何か所写真を撮ればいいの？

機械学習の研究者たちが、体や顔のパーツの位置を判別できる
分類モデルを作って、公開してくれているんだ。
ここでは、その公開されている分類モデルを活用するから、
君たちが自分で分類モデルを作らなくても大丈夫！

そうなのね！ 研究者さんたちに、感謝ね！

3-1 顔や体の部位を推定できるPoseNet

PoseNet（ポーズネット）は、リアルタイムで人の顔や体の各パーツの位置を推定できる機械学習モデルです。 Googleが公開しているJavaScriptの機械学習ライブラリであるTensorFlow.jsで使えるようにしたバージョンが、GitHub（ギットハブ）*[1]で公開されています。

GitHub - tensorflow/tfjs-models/pose-detection/
https://github.com/tensorflow/tfjs-models/tree/master/pose-detection

目、鼻、耳、肩、ひじ、手首、腰、ひざ、足首の左右の各パーツをカメラの画像から認識することができ、計17か所の顔や体のパーツがどこにあるか（位置）がわかります。ひとりでも複数人でもリアルタイムに認識できることが大きな特徴です*[2]。

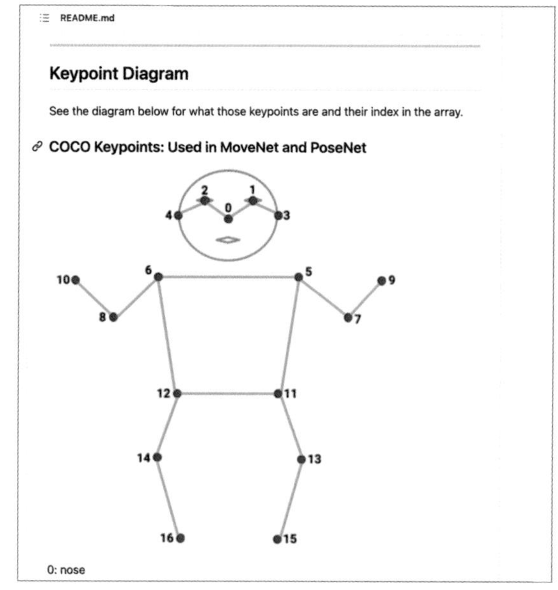

通常、PoseNetは先に説明したTensorFlow.jsか、それを簡単に使えるようにしたml5.js*[3]から使うのですが、本章では、ScratchでPoseNetを使えるようにしたScratch用の拡張機能「PoseNet2Scratch（ポーズネットツースクラッチ）」*[4]から使う方法を紹介します。

＊注1：Gitというバージョン管理システムを利用して、自分のプログラムなどの作品を保存、公開できるウェブサービス。オープンソースで公開されているソフトウェアなどで、よく使われています。

＊注2：技術的にくわしく知りたい方は、開発者のブログ（英語）を参考にしてください。
https://medium.com/tensorflow/real-time-human-pose-estimation-in-thebrowser-with-tensorflow-js-7dd0bc881cd5

＊注3：最新版のml5.jsでは、姿勢推定のモデルがPoseNetからBodyPoseに変わりました。
https://docs.ml5js.org/#/reference/bodypose

＊注4：ソースコードはここを参照。https://github.com/champierre/posenet2scratch

3-2 着せ替えアプリをプログラムする

PoseNetをScratchから使えるようにしたものがPoseNet2Scratchで、Webカメラに映る人間の体の関節の位置を認識し、ステージ上の座標として扱うことができるようになります。PoseNet2Scratchを使う練習として、カメラに映った自分の顔にメガネをかけたり、帽子をかぶせることができる着せ替えアプリを作ってみましょう。

なお、このプログラムを動かすには、Webカメラ内蔵のパソコンか、Webカメラを接続したパソコンが必要です。

PoseNet2Scratchは、Stretch3から利用します。使用するブラウザはChromeを推奨します。

Chromeのアドレス欄に以下のURLを入力して、Stretch3を開きます。

Stretch3
https://stretch3.github.io/

「拡張機能を追加」(左下のブロックに＋が付いた紫のボタン)をクリックして「拡張機能を選ぶ」画面を開きます。「拡張機能を選ぶ」画面では、以下のPoseNet2Scratch拡張機能を選びます。

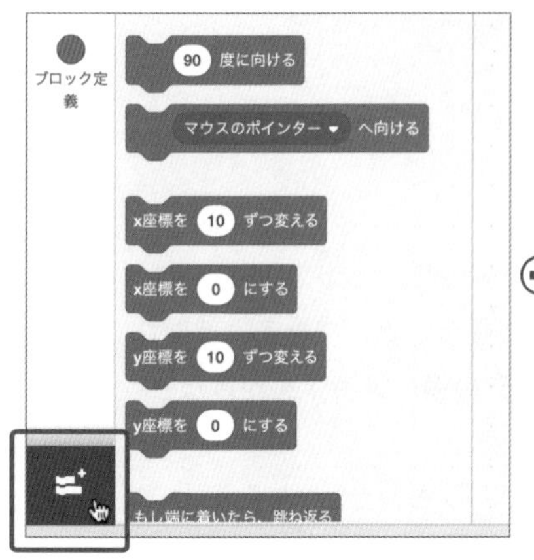

カメラの使用の許可を求める画面が開くので「許可する」をクリックします。すると、Scratchのステージ画面がWebカメラの画像に切り替わります。

ポイント

もし、ステージ画面がWebカメラの画像に切り替わらない場合は、23ページを参照し、Chromeのアドレス欄の右側に表示されているカメラのアイコンをクリックして、設定を確認してください。

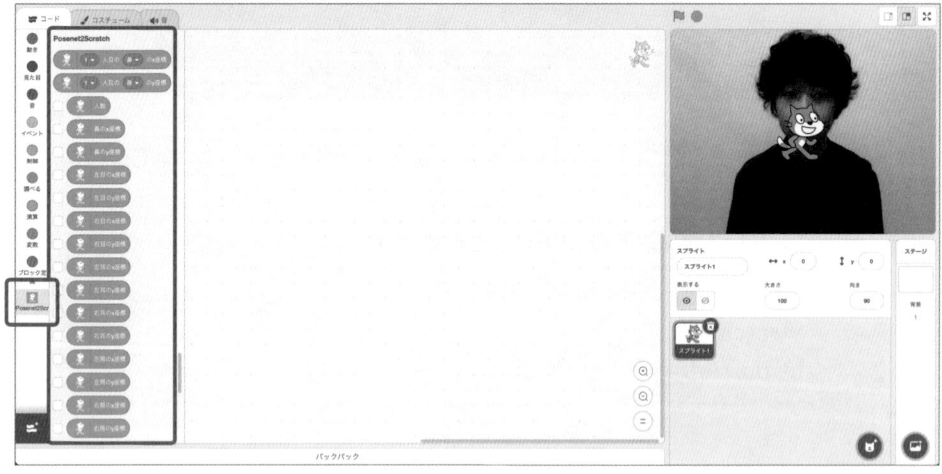

1 ピエロのつけ鼻を表示する

このプログラムでは最初に表示されるネコのスプライトは必要ないので、スプライト右上のゴミ箱のアイコンをクリックして、ネコのスプライトを削除します。

まず、ピエロのつけ鼻を表示してみましょう。「スプライトを選ぶ」をクリックして、スプライトの中から、以下の「Ball」を選びます。

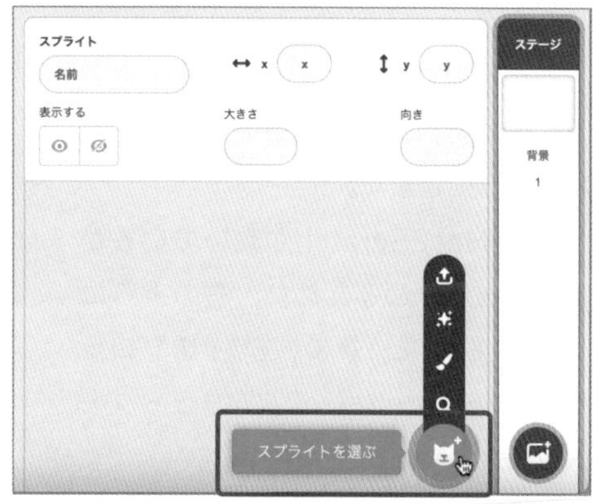

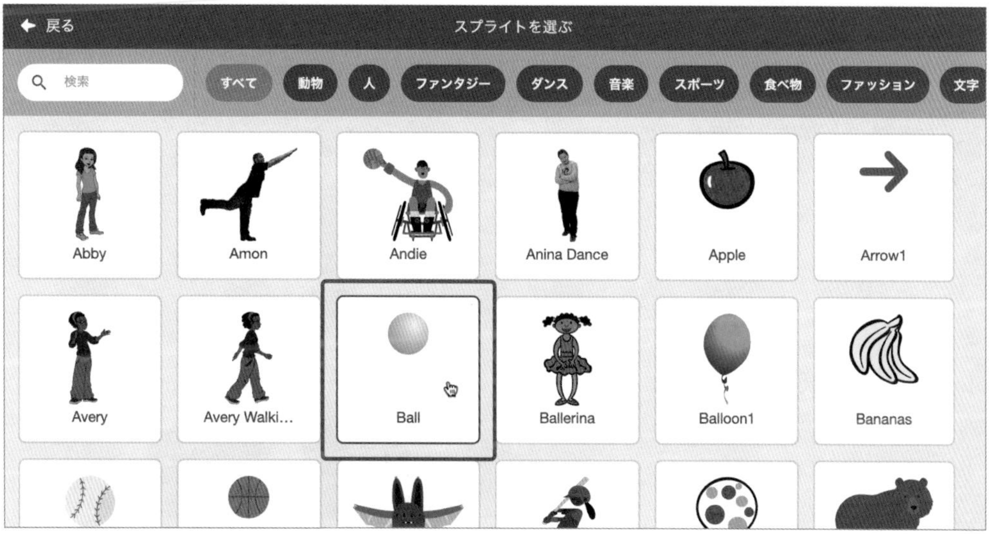

⬇

3章

姿勢推定編 — 体を使った楽器プログラムを作ろう

「Ball」のスプライトが追加されたら、「コスチューム」のタブを選択し、真ん中の「ball-c」のコスチュームを選んで、ピンク色のボールが表示されるようにします。

このピンク色のボールが、常にカメラに映った自分の顔の鼻の上に表示されるようにします。

PoseNet2Scratchが動いているかどうかを確かめるために、右のように「鼻のx座標」と「鼻のy座標」のブロックの横のチェックボックスにチェックを入れます。

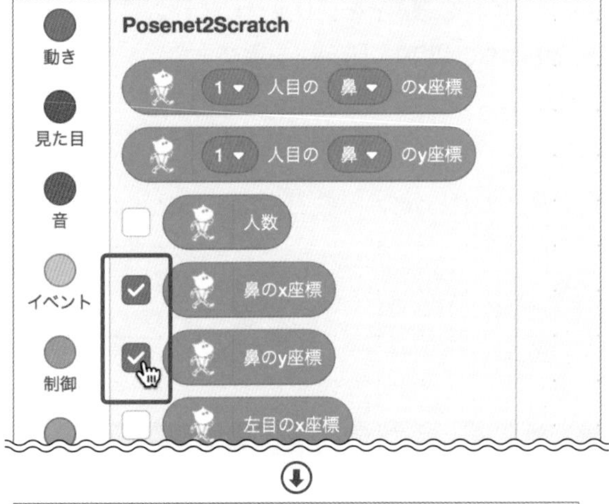

チェックボックスにチェックを入れると、右の図のように、ステージの左上に鼻のx座標と鼻のy座標が表示されるようになります。

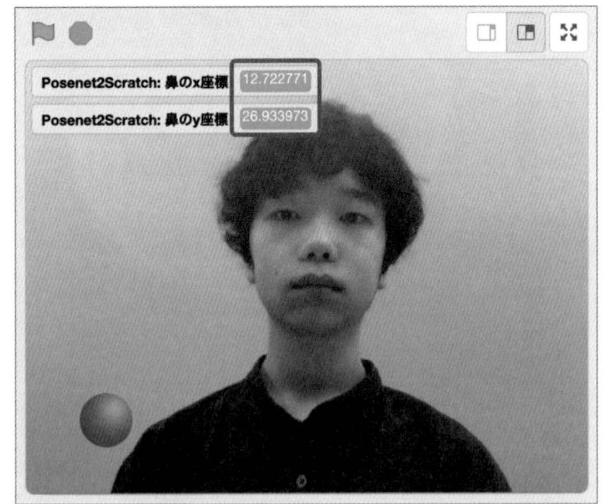

Scratchのステージ画面のx座標は、左端（ひだりはし）が–240で右端（みぎはし）が240です。y座標は下端が–180で上端が180です。カメラに映った自分の顔を上下左右に動かしてみて、鼻のx座標と鼻のy座標がリアルタイムに変わることを確認してください。たとえば画面右端あたりに鼻が来たときには、鼻のx座標は240に近い値になっているはずです。

ボールのスプライトを常にカメラ画像の鼻がある位置に移動させるようにすれば、ピエロのつけ鼻のようになるはずです。

以下のように、「ずっと」ブロックで「x座標を『鼻のx座標』、y座標を『鼻のy座標』にする」ブロックを囲んだコードを組みます。

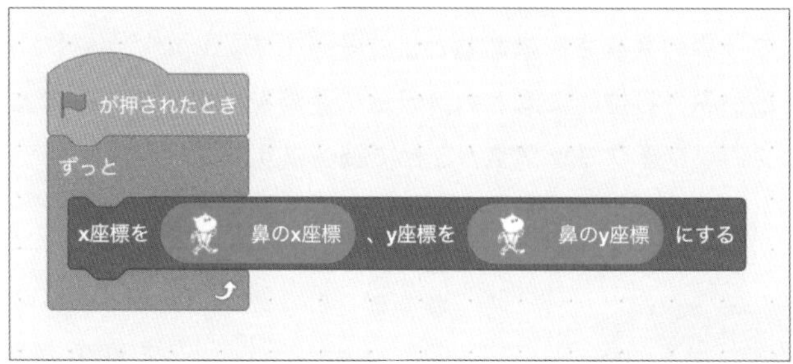

使用ブロック

- イベント→旗が押されたとき
- 制御→ずっと
- 動き→x座標を「…」、y座標を「…」にする
- Posenet2Scratch→鼻のx座標
- Posenet2Scratch→鼻のy座標

緑の旗をクリックして、プログラムを実行してみましょう。下図のように、鼻の上に常にピンクのボールが表示されることを確認してください。画面上で顔を動かしても、ボールが追いかけてくるはずです。

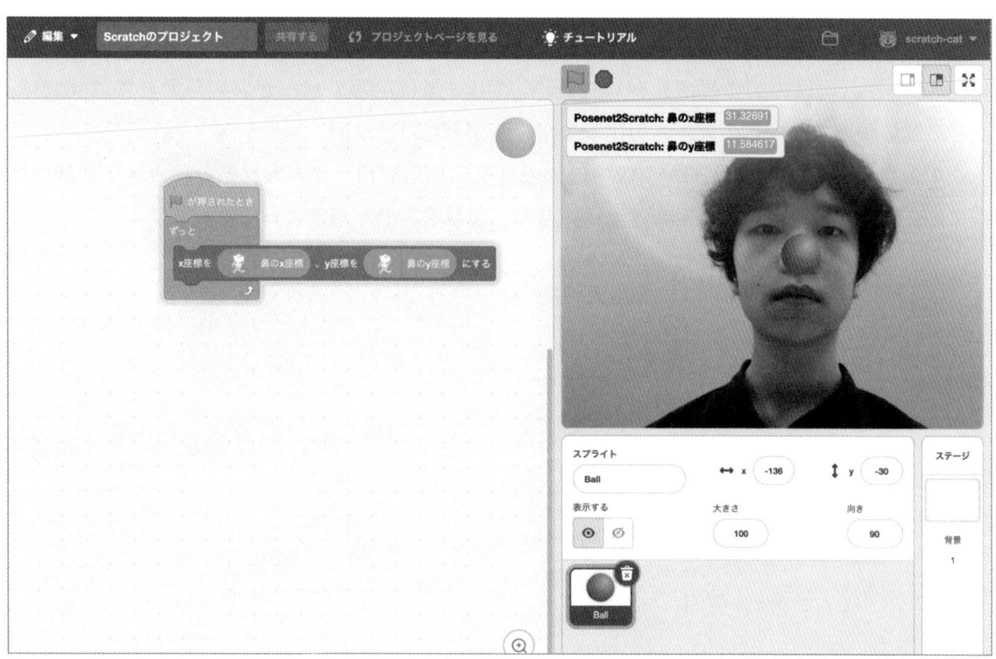

2 ボールの大きさを変えて遠近感を出す

カメラに顔を近づけると、顔の大きさは大きくなり、反対にカメラから顔を離すと、顔の大きさは小さくなります。それなのに鼻の上に表示されているボールの大きさは変わらないので、違和感を抱くことでしょう。

カメラと顔の距離に応じてボールの大きさが変われば、遠近感(えんきんかん)が出て、よりリアルに感じられます。これを実現する方法を考えてみます。

PoseNet2Scratchでは鼻の他に、目の位置も推定することができるので、画面上の左目と右目の位置から、目の間の距離(長さ)を求めることができます。その長さはカメラから離れると短くなり、近づくと長くなります。両目の間の長さと鼻の大きさの比率(ひりつ)は常に一定なので、画面上の両目の間の長さを基準にして、つけ鼻の大きさを決めるとよさそうです。

つけ鼻の大きさが実際の鼻にちょうどかぶさる位置に顔とカメラとの距離を調節して、そのときの右目と左目の間の長さを、以下のブロックをクリックすることで調べます。

使用ブロック
- 演算→「…」-「…」
- Posenet2Scratch→右目のx座標
- Posenet2Scratch→左目のx座標

スプライトの大きさは最初100%なので、つけ鼻の大きさが100%のときの両目の間の長さは約60です。両目の間の長さを60で割って100を掛(か)けた値のパーセントを大きさにすれば、両目の間の長さとつけ鼻の大きさの比率(ひりつ)は常に一定となります。

次のように「ずっと」のブロックの中に大きさを決めるブロックを入れると、カメラと顔の距離に応じてつけ鼻の大きさが変わるようになり、より現実感が増すようになります。

●完成したプログラム

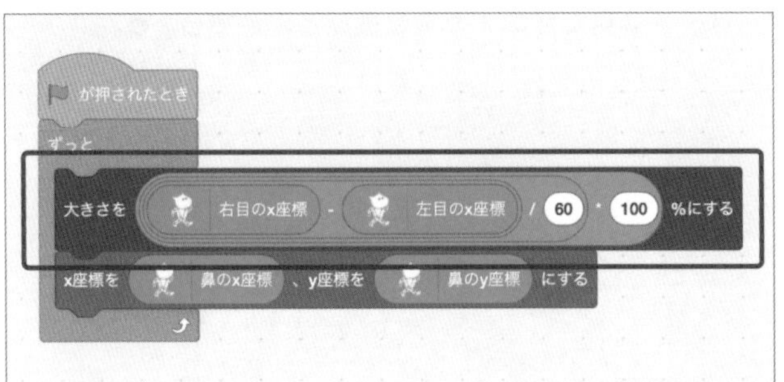

使用ブロック

- ●見た目→大きさを「100」%にする
- ●演算→「…」/「…」
- ●演算→「…」*「…」

60という数字は、この本を執筆(しっぴつ)するときに試した環境と人物の鼻の大きさに合わせた数字なので、みなさんの環境と鼻の大きさに応じて、数字を大きくしたり小さくしたりして、つけ鼻がちょうどよい大きさになるように調節してみてください。

3 メガネを表示してかけてみよう

つけ鼻を追加したのと同じ要領(ようりょう)で、メガネを追加してみましょう。

「スプライトを選ぶ」をクリックして、スプライトの中から「Glasses」(英語でメガネという意味)を選びます。画面右上の「ファッション」という分類を選んでおくと探しやすくなります。

「コスチューム」のタブを選択し、２番目の星型のメガネを選んでみました。見た目はプログラムの動作とは関係がないので、みなさんは好きな見た目のメガネを選ぶとよいでしょう。

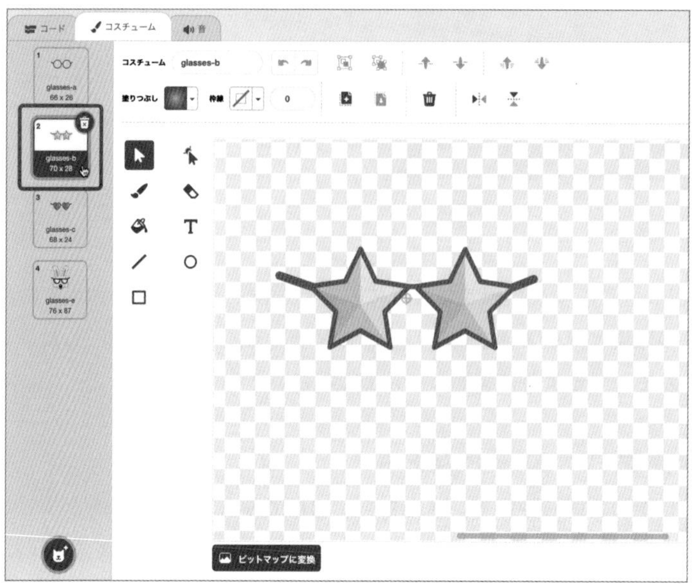

メガネのスプライトを、画面に映る自分の両目の上に重ねるには、メガネのy座標を左右どちらかの目のy座標に合わせます。ここでは、左目のy座標に合わせることにしましょう。

メガネのx座標は顔の中心に合わせればよくて、顔の中心にある鼻のx座標とほぼ同じと考えることができます。

メガネのスプライトを両目の上に重ねるコードは以下のようになります。

●完成したプログラム

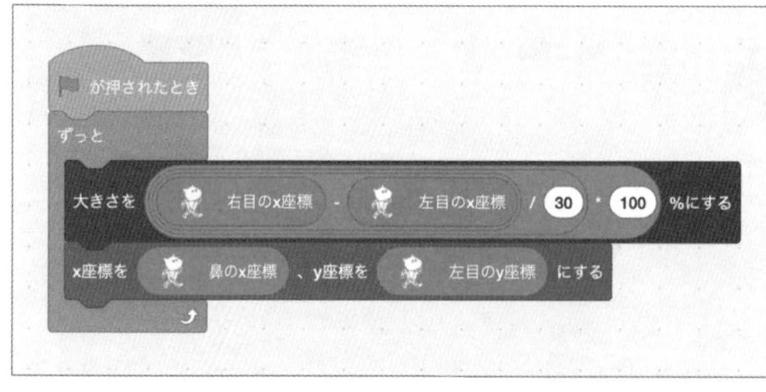

使用ブロック

- ●イベント→旗が押されたとき
- ●制御→ずっと
- ●見た目→大きさを「100」%にする
- ●演算→「…」-「…」
- ●Posenet2Scratch→右目のx座標
- ●Posenet2Scratch→左目のx座標
- ●演算→「…」/「…」
- ●演算→「…」*「…」
- ●動き→x座標を「…」、y座標を「…」にする
- ●Posenet2Scratch→鼻のx座標
- ●Posenet2Scratch→左目のy座標

つけ鼻のときにも使ったテクニックを使い、遠近感が感じられるようにカメラからの距離に応じて大きさを変えるようにしています。メガネのスプライトはボールのスプライトと比べるとやや小さいので、大きめに表示されるよう、60でなく30で割っています。この値は、みなさんの環境や体格に応じて最適なものに変えましょう。

プログラムを実行してみると、以下のようになるはずです。

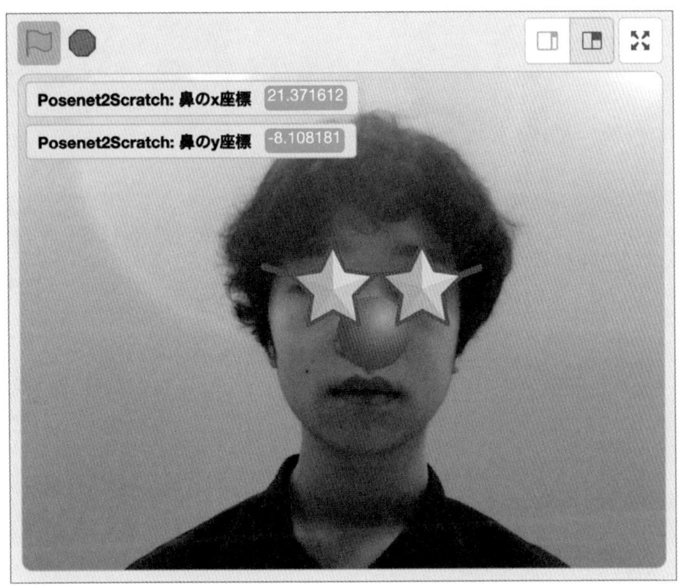

PoseNetで体の各パーツの座標を取得する方法がわかったら、他にもたとえば帽子のスプライトを表示して頭の上にかぶせてみたりしてみてください。頭の座標はPoseNetでは直接取得はできないのですが、目のy座標に一定の値を足して上方向にずらすなど工夫するとよいでしょう。さらにこだわるなら、顔の傾きに合わせてメガネを傾けるといったこともできそうですね。

PoseNetは目や鼻以外にも両耳や、体の他のパーツの座標も取得することができるので、それらも使い、面白い着せ替えプログラムを作ってみてください。

▶全身を使った着せ替えアプリ

PoseNetでは、顔のパーツだけでなく全身の関節の位置もわかるので、右図のように全身着ぐるみのような着せ替えアプリを作ることも可能です。

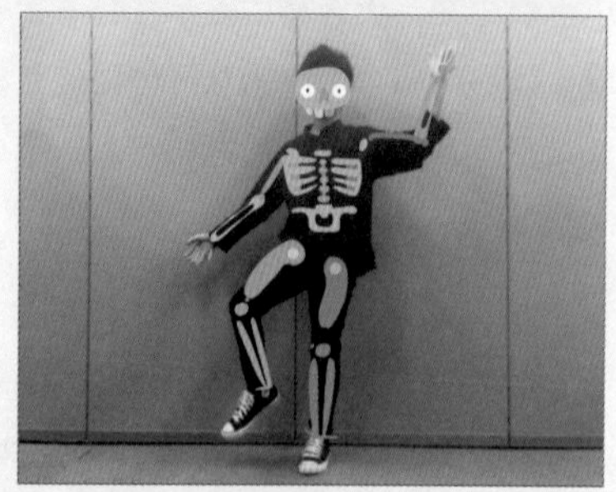

Scratchのスプライトライブラリから「Skeleton」を読みこみます。

体のそれぞれの部分の動きに合わせるため、スプライトを「頭」「体」「右上腕」「右前腕」など体のパーツごとに分割して用意します。ここでは右上腕のコードを作ります。

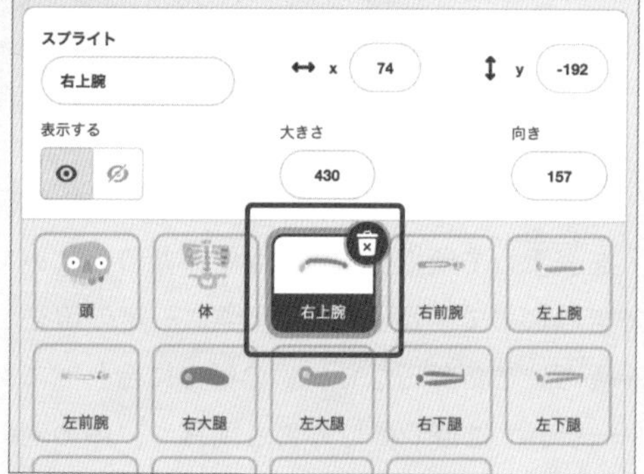

右上腕は右肩の座標を使って位置を決めます。右上腕のスプライトの中心点を肩のあたりにしておきましょう。

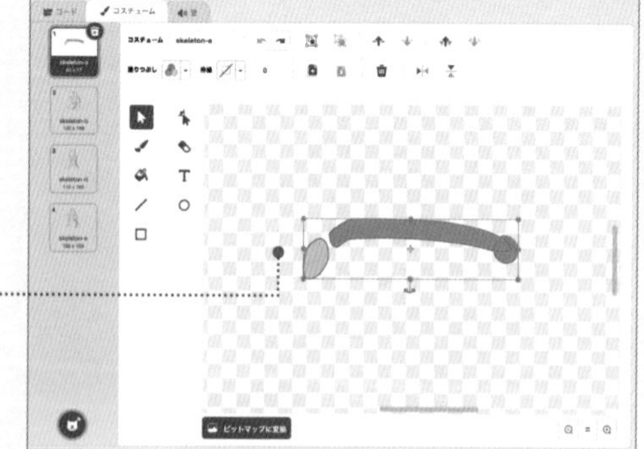

イラストをずらして、スプライトの中心点（⊕）を変えることができる。

右上腕のスプライトの方向を決めるために、「動き」カテゴリにある「『マウスのポインター』へ向ける」ブロックを使ってみましょう。右上腕の方向を決めるのは右前腕の位置なので、右前腕のスプライトを追加して、その方向に向けるようにします。

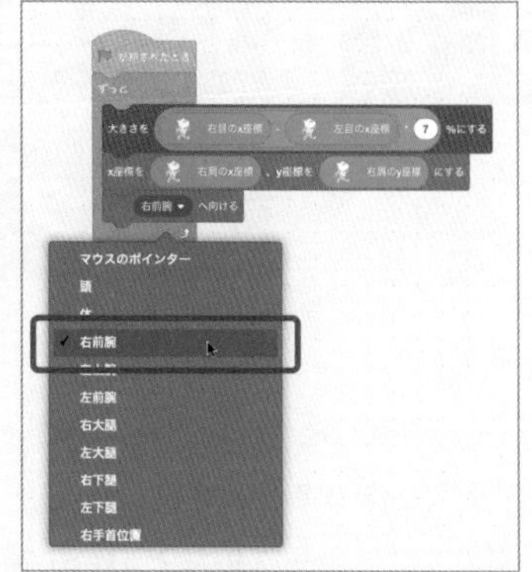

完成した右上腕のコードです。遠近感が感じられるように、つけ鼻やメガネのコードのときと同じように、カメラからの距離に応じて大きさを変えるようにしました。これを参考に、他のパーツのプログラムも試してみてください。

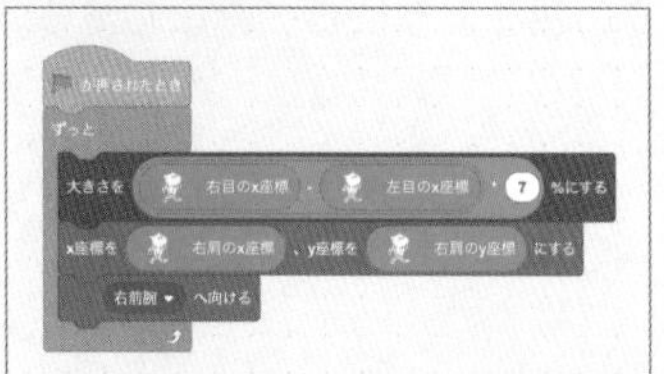

▶ボーンの作成

PoseNetのデモンストレーションでは「ボーン」(英語で骨という意味)と呼ばれる、各関節を結ぶ線を表示したものをよく見かけます。同じようなものをScratchで表示することも可能で、関節の動きを見ながらプログラムを考える場合にはとても便利です。Scratchのペンのブロックを使って線を描いたり消したりするだけですが、各関節をたどってひと筆書きにしたり、ペンの上げ下げを細かく行う必要があります。以下に著者が作成したプログラム例の一部を示します(ダウンロードすることもできます。6ページを見てください)。

ボーンの例

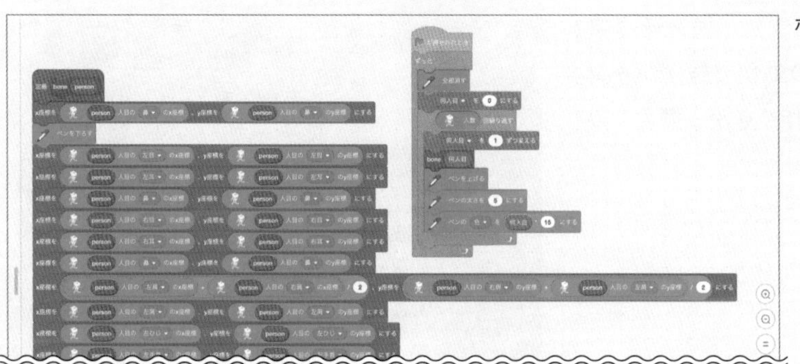

ボーンのコード(一部)

3-3 体を動かして鳴らす楽器をプログラムする

PoseNet2Scratchの使い方がわかってきたところで、今度は体全体の動きを使った楽器プログラムを作ってみます。

パソコンをテーブルなどの台に置いて、やや離れて全身（または上半身程度）がステージのカメラに映るようにしてみましょう。

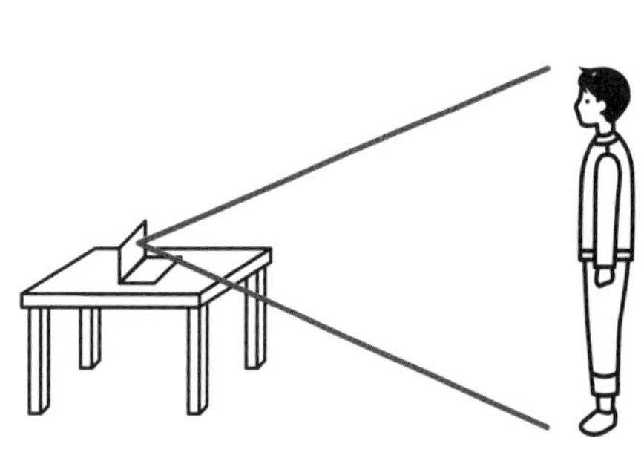

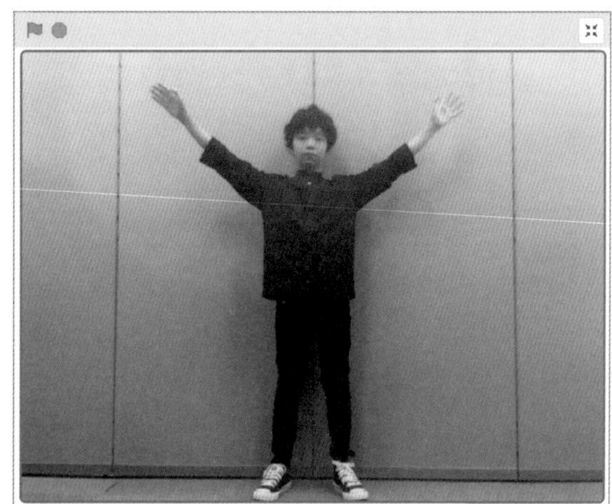

まずはジェスチャーで、右腕を真上に上げたり体の脇に下ろしたりしてみましょう。この動作をきっかけに音を鳴らす場合、どういった数値が使えそうでしょうか？ この腕の動作で鐘（かね）がゴーンとなるプログラムを作りながら考えてみましょう。

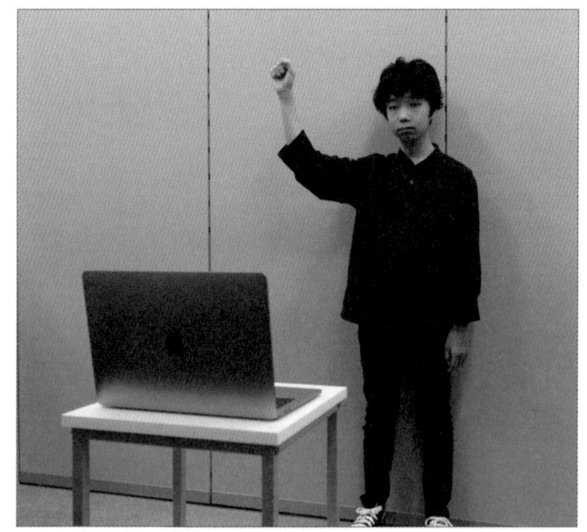

1 右腕を上げたら鐘の音を鳴らす

最初に「Bell」のスプライトを読みこみます。ネコのスプライトは不要なので削除しましょう。ステージの下のスプライトパレットからBellのスプライトを選択し、コードの作成を進めていきましょう。

右腕を真上に上げたり体の脇に下ろしたりする動きの中で、もっとも位置の変化が大きいのは手首の座標になります。とくに高さ（y軸方向）の変化が大きいので、その座標を使ってみます。

使用ブロック

- Posenet2Scratch→右手首のy座標

手首の位置が鼻より上になったら、という状態を表すには、「…」＞「50」のブロックを使って以下のように組み立てられますね。

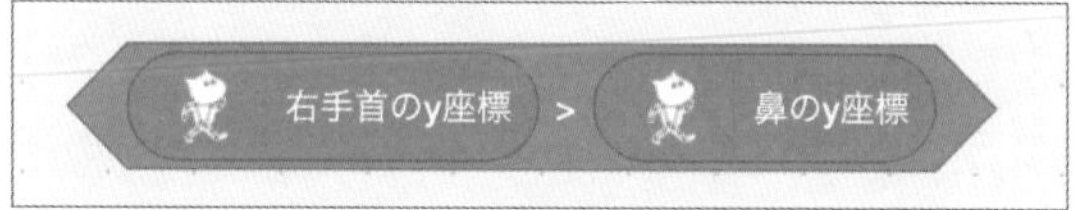

使用ブロック

- 演算→「…」＞「50」
- Posenet2Scratch→鼻のy座標

この条件でbell tollの音を鳴らすコードは、以下のようになるでしょう。

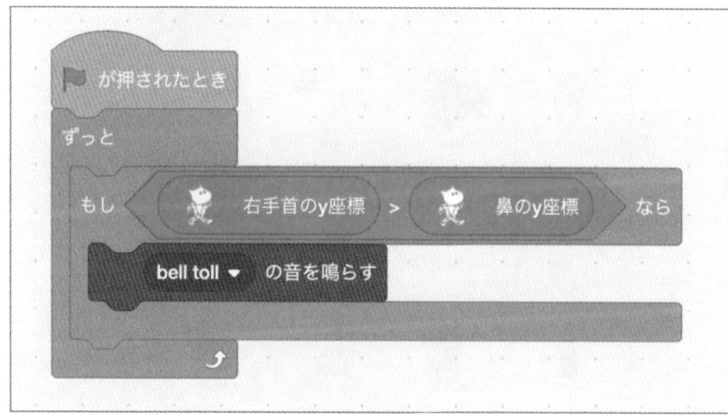

使用ブロック

- イベント→旗が押されたとき
- 制御→ずっと
- 制御→もし「…」なら
- 音→「bell toll」の音を鳴らす

これで試してみると、手首が鼻より高い場合に、鐘の音がなります。ただし、腕を上に上げている間何度も鳴り続けてしまうので、もうひとつ条件を加えて、一度音を鳴らしたら腕を下げるまで待つようにしてみましょう。

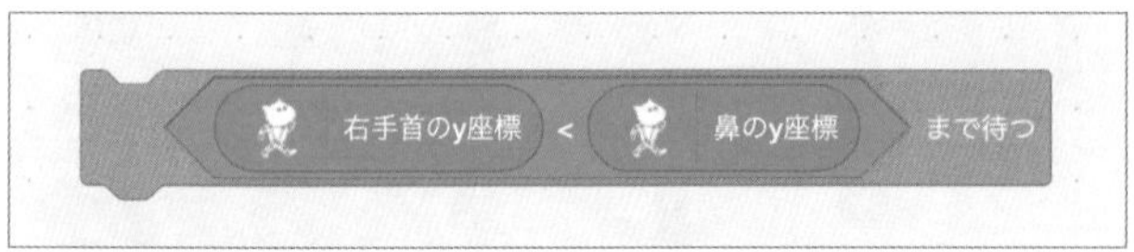

●完成したプログラム

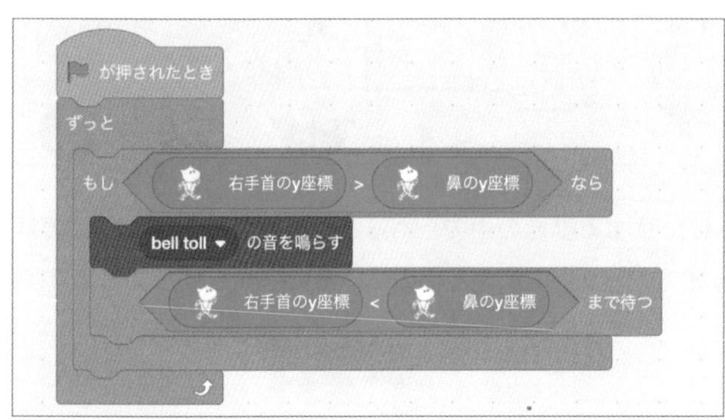

使用ブロック

- 制御→「…」まで待つ
- 演算→「…」<「50」
- Posenet2Scratch→右手首のy座標
- Posenet2Scratch→鼻のy座標

実際に試してみてください。先ほどと違い、一度腕を上げると一度だけベルの音が鳴るようになったのではないでしょうか。

2 右腕を横にのばしたら魔法のつえの音を鳴らす

次に、右腕を横に水平にのばすような動きで音を出してみましょう。「Wand」(つえ)のスプライトを使います。Wandのスプライトをスプライトライブラリから読みこみ、ステージの下のスプライトパレットから選択して、コードを作成していきます。

使えそうな関節の位置は、右肩、右ひじ、右手首のy座標ですが、以下のようなブロックを作るとどうでしょうか。

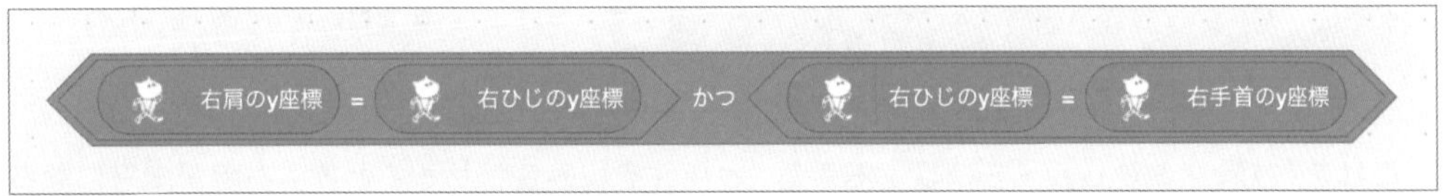

使用ブロック

- 演算→「…」かつ「…」
- 演算→「…」=「50」
- Posenet2Scratch→右肩のy座標
- Posenet2Scratch→右ひじのy座標
- Posenet2Scratch→右手首のy座標

一見良さそうですが、この条件を成り立たせるのは非常に困難です。

PoseNet2Scratchでは、人間の動きを解析した座標は少数点以下も計算されているので、右肩、右ひじ、右手首の高さがぴったり重なる瞬間（しゅんかん）をとらえるのは現実的ではありません。そこである程度の範囲を許容する形で、まずは右肩と右ひじだけを取り出し以下のように考えてみましょう。

使用ブロック

- 演算→「…」-「…」
- 演算→「…」<「50」

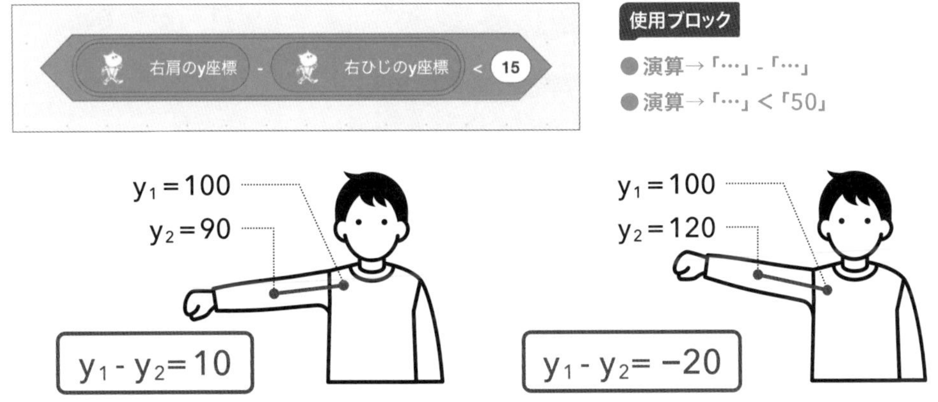

これも一見良さそうですが、ひじが少しでも肩より上がってしまうとマイナスの値となり、常に条件が成立してしまいます（上の図を参照）。そこで、「…の絶対値」のブロックを使いましょう。上下ともにy座標の差が15の範囲に入ると条件が成立する、ということが可能になります。

ポイント

絶対値とは、その数字が0からどれだけ離れているかを表す数値です。たとえば5の絶対値は5ですが、−5の絶対値も5となります。5メートルの壁のてっぺんと、5メートルの谷の底をイメージすると、どちらも地面（0）から5メートル離れている、という具合です。

以下のようにブロックを作ります。

使用ブロック

● 演算→「…」の「絶対値」

これを「右肩 - 右ひじ」、「右ひじ - 右手首」と条件を組み合わせることで、右腕が水平になる条件とできるでしょう。

右腕を水平にした場合に音を鳴らすコードは以下のようになります。音は「Magic Spell」の音を選択します。何度も鳴らないように、一度腕を下ろすまで待つ処理も入れてあります。

● 完成したプログラム

使用ブロック

- イベント→旗が押されたとき
- 制御→ずっと
- 制御→もし「…」なら
- 演算→「…」-「…」
- 演算→「…」の「絶対値」
- 演算→「…」<「50」
- Posenet2Scratch→右肩のy座標
- Posenet2Scratch→右ひじのy座標
- Posenet2Scratch→右手首のy座標
- 音→「Magic Spell」の音を鳴らす
- 演算→「…」>「50」
- 制御→「…」まで待つ

ただしこのコードでは、腕の各関節の高さだけ見ているので、右腕を横に突き出すポーズだけでなく、反対に突き出したポーズや、腕を曲げたまま持ち上げたポーズでも反応してしまうかもしれませんね。さらに厳密にするには、x座標の条件（「右肩＜右ひじ」かつ「右ひじ＜右手首」など）を加えるとよさそうです。

1 の鐘の音のプログラムと合わせて、実際に試してみましょう。腕の動きに合わせてそれぞれの音が鳴れば成功です。

▶複数条件の組み合わせ方

Scratchでは「…かつ…」(AND、論理積)のブロックを使うことで、いくつかの条件が同時に成立した場合を表すことが可能ですが、どんどん横方向に長くなってしまうことがあります。これを避けるために、「…かつ…」の代わりに「もし…なら」のブロックを複数組み合わせてみました。

```
が押されたとき
ずっと
  もし （右肩のy座標 - 右ひじのy座標）の 絶対値 < 15 なら
    もし （右ひじのy座標 - 右手首のy座標）の 絶対値 < 15 なら
      Magic Spell の音を鳴らす
      （右ひじのy座標 - 右手首のy座標）の 絶対値 > 15 まで待つ
```

```
が押されたとき
ずっと
  もし （右肩のy座標 - 右ひじのy座標）の 絶対値 < 15 かつ （右ひじのy座標 - 右手首のy座標）の 絶対値 < 15 なら
    Magic Spell の音を鳴らす
    （右ひじのy座標 - 右手首のy座標）の 絶対値 > 15 まで待つ
```

この2つのコードは、ほとんど同じように動作します。
厳密には処理のタイミングなどが異なりますが、今回のように複数の関節の位置関係を条件とする場合には有効な方法です。

コラム

姿勢推定方法の進化

PoseNetで手軽にできるようになった姿勢推定ですが、それには長い歴史がありました。

古くは19世紀後半、写真家のエドワード・マイブリッジ*による高速度カメラを使った馬の脚（あし）の動きの撮影も、その始まりと言えます。

疾走中の馬の連続写真

出典：
「エドワード・マイブリッジ」
『フリー百科事典 ウィキペディア日本語版』
(https://ja.wikipedia.org/)。
2020年6月14日17時(日本時間)現在での最新版を取得。

ここからストロボを使った連続撮影や、電球などの光源を装着した人体の動作の写真記録にさまざまな方法が試され、実用化されてきました。自動車の衝突（しょうとつ）実験で使われるダミー人形によるマーカーなどもその一例です。

ビデオカメラが登場し、その画像のコンピューター処理ができるようになってくると、光学式マーカー(反射素材の小さなボールが一般的)を人体につけて、複数のカメラでいろいろな方向から撮影するモーションキャプチャという方法が実用化されます。この方法は現在でも、アスリートのトレーニングや、映画製作において3DCGのキャラクターを役者が演じる場合などに使われています。

*注：ギャロップする馬の脚運びの様子をとらえようと、高速度での撮影に研究を費やした。

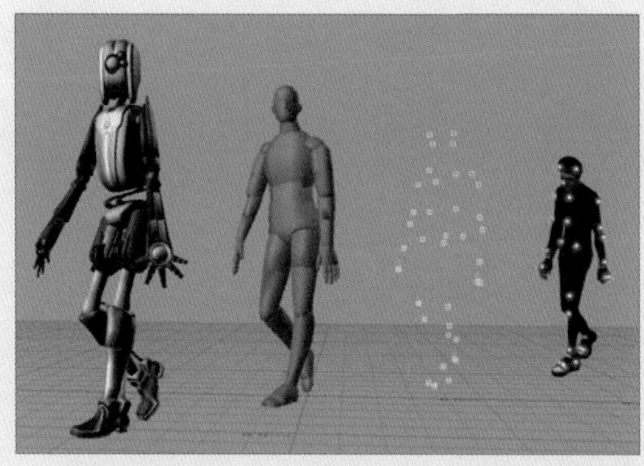

モーションキャプチャの例。右端はマーカーをつけた人物の映像。このマーカーの動きを処理し、左端のようなCGによるキャラクターの動きへと再現する

出典：
「モーションキャプチャ」
『フリー百科事典 ウィキペディア日本語版』（https://ja.wikipedia.org/）。
2024年6月14日15時（日本時間）現在での最新版を取得。

こうした複数のカメラを用いる方法は、キャプチャのために広い空間や多くのカメラなどが必要となり、環境を整えられるごく一部の研究所や撮影所での活用に限られていました。

この状況を一転させたのが、家庭用ゲーム機「Microsoft Xbox」のコントローラーのひとつだったKinectです。カメラと深度センサーをひとつの筐体に収め、正面からの撮影のみで人体の姿勢を推定することができるようになりました。最盛期には、Scratchに接続できる環境をユーザーが作るなど活用が進みましたが、Kinectの一般向け販売は終了し、開発者向けのAzure Kinectや、類似の姿勢推定センサーがいくつか流通しています。

KinectをScratchで利用する
Kinect2Scratchワークショップの様子

そしてこの章で試したPoseNetは、それまでのさまざまな方法と異なり、パソコンとWebブラウザ上で実行でき、Webカメラひとつでも姿勢推定を可能にしました。スタジオのような環境や、専用の機材と比べて精度には差がありますが、利用が広まれば改善されていくでしょう。

PoseNet2Scratchを使えば、体の姿勢をコンピューターのインターフェースとして活用することができるので、ぜひいっしょに新しい使い方や、可能性を広げていきましょう。

4章

知識編

機械学習について学ぼう

3章まで、画像認識や音声認識、姿勢推定の仕組みを使ったアプリケーションを実際に作ってきましたが、ここではプログラムの作成は少しお休みして、機械学習ってそもそもどういうことなのか？ 機械はどうやってパターンを導き出しているのか？ を学びましょう。人間の脳の仕組みをまねた「人工ニューラルネットワーク」について、そして人工ニューラルネットワークを単純化してわかりやすくした「単純パーセプトロン」を、プログラムを見てもらいながら解説していきます。

この章で学ぶこと

いちいち人間が命令しなくても、コンピューターが自分で考えて判断してくれる機械学習の仕組み、すごいでしょ！

うんうん！ 本当に人間みたいだよね。
コンピューターの中では、どんなことが行われているんだろう…。

気になるかい？ 実は、君たち人間の「脳」の仕組みを、そっくりそのまま、まねしているんだよ。

脳の仕組みをまねしているの？

そうなんだ。君たちの頭の脳の中には、
ニューロンという細胞がたくさん詰まってて、結びついているんだ。

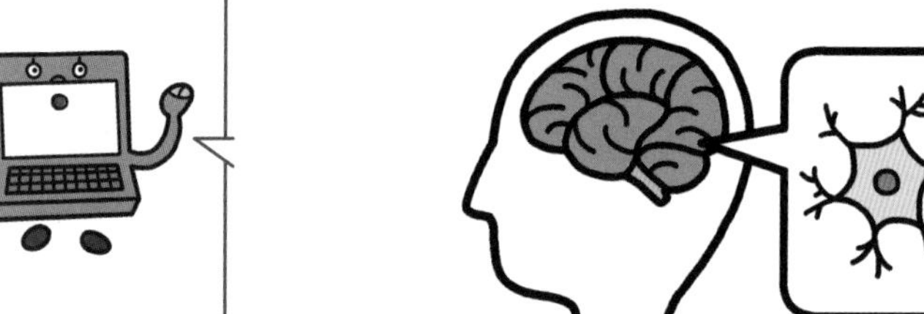

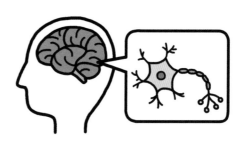

なにこれ。はじめて見たよ。

何かを見たり聞いたり触れたりしたとき、
「こういう条件のときには反応してとなりのニューロンに情報を伝えるけど、
そうでないときには伝えない」、という処理をしている。

それがものすごくたくさん組み合わさることで、
「危険なものが近づいてきたら逃げる」「食べ物だけを選んで食べる」
のように、複雑な判断もできるようになるんだよ。

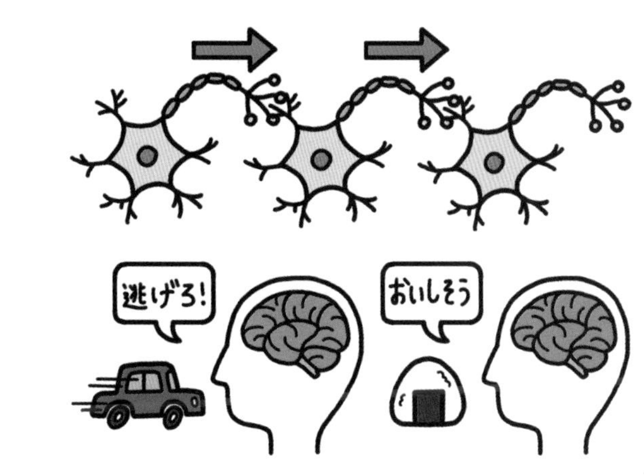

へぇ〜。それを、コンピューターでまねしている、
ってこと？ そんなことができるんだ！？

そう。だから、その仕組みは「ニューラルネットワーク」、
つまり、ニューロンのネットワークと呼ばれているよ。
じゃあ、プログラムを作るのはちょっと休けいして、
ここでは機械学習そのものについて、
ちょっとだけ勉強してみようか。

わかった！

4-1 機械学習って何？

「機械学習」と似たようなキーワードで「人工知能（AI）」という言葉があります。もしかしたら最近は、テレビや新聞にもよく登場するので、こちらのほうがよく知られているかもしれません。

また、これらの言葉とあわせてよく登場するのが「深層学習（しんそうがくしゅう）（ディープラーニング）」というキーワードで、機械学習に興味を持ってこの本を手に取った読者のみなさんなら、一度は聞いたことがあるかもしれません。

そこで、深層学習もふくめ、これら3つの違いがわかる図を紹介しておきます。

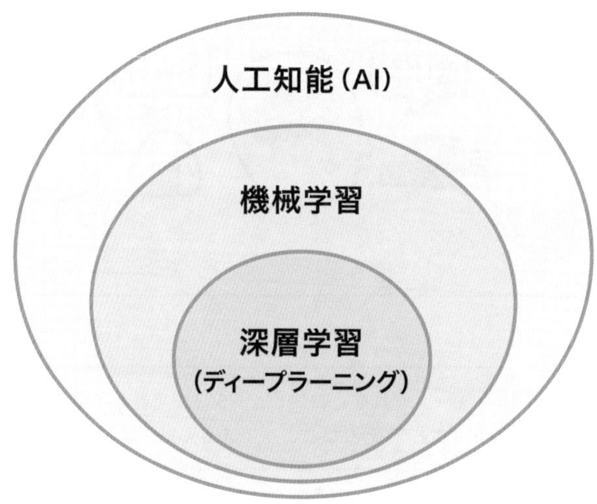

このように、機械学習とは人工知能にふくまれるひとつの分野であり、さらに深層学習は機械学習にふくまれるひとつの技術です。

AIは英語で「Artificial（人工の）Intelligence（知能）」の略で、日本語ではそのまま「人工知能」となります。その意味はこの言葉が示す通りで、人間に代わって知的な活動を行うことのできる人工的な知能を作ろうとする研究分野です。

みなさんはAIと言うと、SF映画などに登場するような、人間のように考え、動くことができる、ロボットの脳に搭載されているものを思い浮かべるかもしれませんが、人工知能の研究目的はこれに限りません。

一方、特定の問題だけを解決するためのAIのひとつとして、機械学習があります。機械学習では、人間と同様に、知識を獲得していって、何かを上手に行うことを「学習」します。つまり、機械学習とは、

- 大量のデータを高速に処理することができる「機械」(コンピューター)を使って、
- 人間が得る「経験」の代わりに、データを使って「学習」する技術

なのです。

機械学習は、画像認識、文字認識、音声認識、自動翻訳、検索エンジン、迷惑メールの振(ふ)り分けなどのさまざまな分野で使われており、すでにその成果も出てきています。コンピューターの技術ですから、読者のみなさんが持っているパソコンの上でも動かすことができます。

実際に動かしてみて、その動く さまを目の前に見ることができるので、理解もしやすいはずです。

機械学習でよく使われているプログラミング言語としてはPython(パイソン)が有名ですが、この本では、教育用プログラミング環境で人気のあるScratchを使うことで、だれでも簡単に機械学習を扱えるようにしました。

深層学習はそんな機械学習の中のひとつの技術で、近年、さまざまな成果を見せてきており、人工知能分野全体を急速に進歩させているために注目されているのですが、これについては4-3(105ページ)で紹介します。

4-2 機械学習と人間の学習

機械学習の特徴のひとつとして、

▶ 人間が得る「経験」の代わりに、データを使って「学習」する技術

を挙げました。

機械と人間の学習の方法は似ています。

機械学習の分野では、「ネコとイヌの写真を見せて、それらをちゃんと識別できるか？」という課題が有名です。

たとえば母親が赤ちゃんにネコを初めて見せるとき、「これはネコですよ」と教えながら見せるでしょう。言葉を話せるようになった幼児が次にネコを見たときに、「ネコだ」と言えば、ほめられるでしょうし、ネコ以外のものを見て「ネコだ」と言ったときには、「それは違いますよ」と教えてもらえます。イヌについても同様にこのような経験を繰り返すことで、しだいに「ネコ」と「イヌ」を区別できるようになります。

人間はこのように、「経験」を積み重ねていくことで知識を獲得し、より正確に区別できるようになっていきます。これがすなわち「学習」です。

一方、機械学習の場合、知識を獲得することでより正確に区別できるようになっていくところは同じですが、経験の代わりにデータを使って知識を獲得していきます。ネコの写真をカメラに映し「これはネコですよ」と教えます*。このときいろいろな種類のネコの写真を次々に映します。イヌの写真もたくさんカメラに映し、「こちらはイヌですよ」と教えます。

次に、いままでカメラに映したことのないネコかイヌの写真を映して、コンピューターにネコかイヌかを判定させます。コンピューターはいままでに学習したデータからネコとイヌの特徴を導き出し、それを元に判定結果を出します。このとき判定結果が間違っていたら、人間が間違いを指摘(してき)します。新たに見せられたネコの写真をイヌと間違ってしまったのなら、新しいネコの写真をネコとして学習し直すのです。

「特徴を導き出して、それを元に判定結果を出します」と書きましたが、実際にコンピューターはこの部分をどのように実現しているのかを、次に見ていきましょう。

＊注：このように正解のあるデータで学習していく機械学習を「教師あり学習」と言います。
機械学習には他にも「教師なし学習」や、「強化学習」もあります。

4-3 機械はどのようにパターンを導き出すのか？（人工ニューラルネットワークと単純パーセプトロン）

機械が写真を見て「特徴を導き出して、それを元に判定結果を出す」には、具体的にどのようにしているのでしょうか？

ここでは、人間をふくめた生物の仕組みをヒントにして実現している人工ニューラルネットワークについて紹介します。生物の脳は、ニューロンと呼ばれる以下のような神経細胞で構成されています。

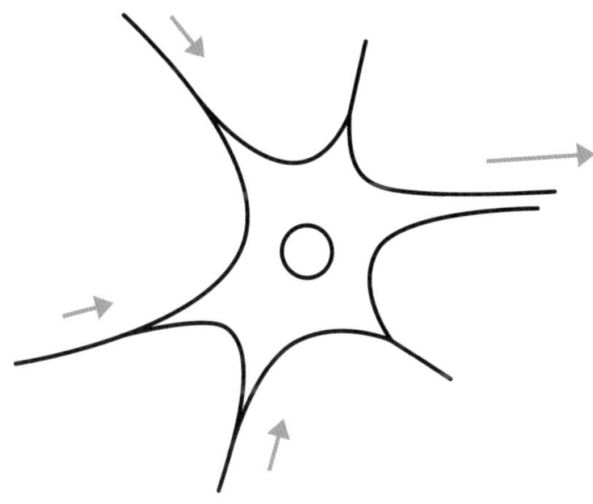

このニューロンが脳の中には無数にあり、ニューロンとニューロンとは細い線状の軸索という部位でつながっています。軸索の部分は電線のようになっていて、そこを通してニューロンからニューロンに情報を伝えることができます。

たとえばあるニューロンに、他のニューロンからの情報が送られてきたとして、それをそのまま次のニューロンに伝えるわけではなく、ある一定の条件のときには反応して情報を送るけど、そうでないときには反応せず情報を送らない、ということが起こります。

危険なものを見分ける目だったり、においを嗅ぎ分ける鼻からのたくさんの刺激が流れこんできて、最終的には足や手の動きへの命令となる反応がたくさん組み合わさることで、「危険なものが近づいてきたら逃げる」だとか、「食べ物だけを選んで食べる」のように、脳は複雑な判断ができるのです。

このニューロンをプログラムで人工的に作ったものが人工ニューロンで、人工ニューロンをたくさんつなげたものが人工ニューラルネットワークです。これまでにないような高い精度で画像を認識できることがわかったのがきっかけで注目されるようになった深層学習は、この人工ニューラルネットワークをベースとしています。コンピューター上で脳の構造をまねして作ってみると結構うまく動くというのは、かなり以前から知られてはいました。コンピューターの技術の進歩のおかげで、人工ニューロンを実際の脳以上に何段にも重ねたり、データを大量に、そして高速で処理できるようになりました。おかげで、その性能が格段に良くなったため、最近の人工知能や機械学習ブームとなったのです。

人工ニューラルネットワークを使うと実際にどんなことができるのか、例をひとつ見てみましょう。

TensorFlow.js Tutorial
https://tensorflow-js-mnist.netlify.app/

これは、TensorFlow.jsという機械学習用のライブラリを使いJavaScriptで書かれた、人工ニューラルネットワークを使って手書き数字を認識するアプリケーションです*。

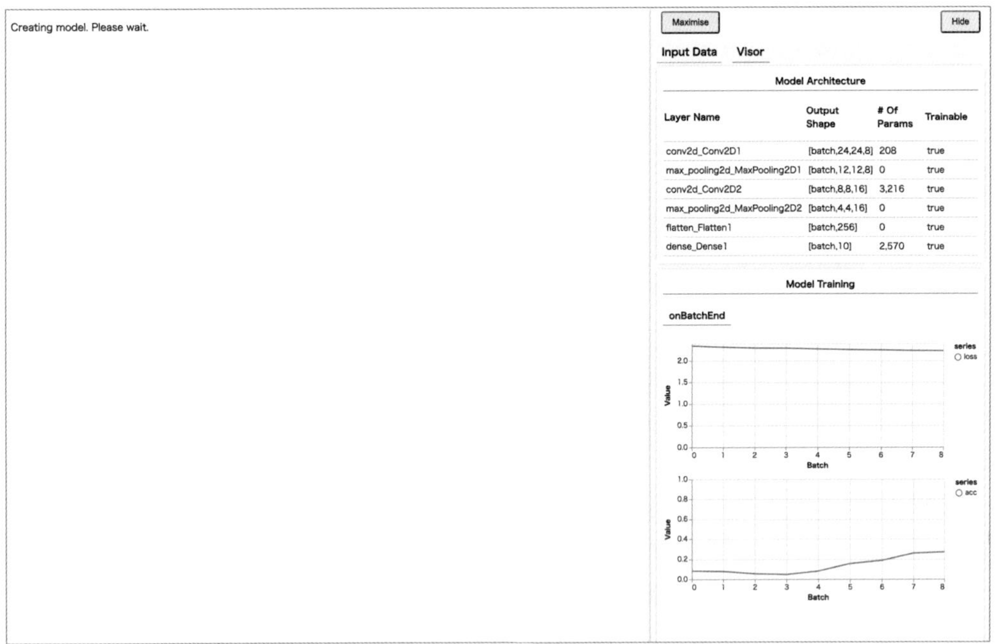

＊注：このアプリケーションの作り方および詳細は、
「日経ソフトウエア」誌2020年1月号の記事「手書き数字リアルタイム認識アプリを作ろう！」
または『土日で学べる「AI&自動化」プログラミング』（日経BPパソコンベストムック）をご参照ください。

ブラウザ（Chrome推奨）で上記アドレスにアクセスすると、最初「Creating model. Please wait.」と表示されたあと、学習が始まり、右下にグラフが現れて学習が進む様子が表示されます。この間、コンピューターにはさまざまなパターンの0から9までの約6000枚の画像が見せられて、ものすごいスピードで学習していくのです。

4-1で挙げた、

▶ 大量のデータを高速に処理することができる「機械」（コンピューター）を使って、

という機械学習の特徴が、ここに現れています。

学習が終わると、下図のように左上に黒い正方形のエリアが表示されます。

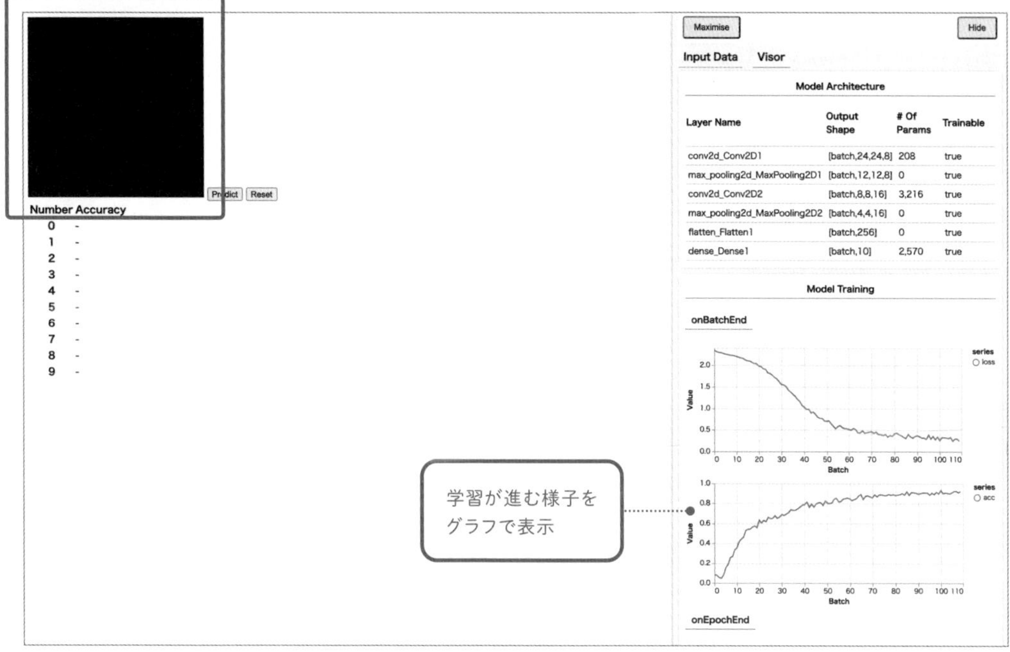

この黒いエリアにマウスで0から9までの数字のいずれかを書いてみて、すぐ右横の「Predict」ボタンをクリックすると、0から9までのどの数字として認識されたかを表示します。0から9までの各数字の横に表示されている 0.77141...といった数字は、どのくらいの確信を持ってその数字と判定したかを0から1までの数字で表す「確信度」です。次の例では、2という判定に一番自信を持っているということです。

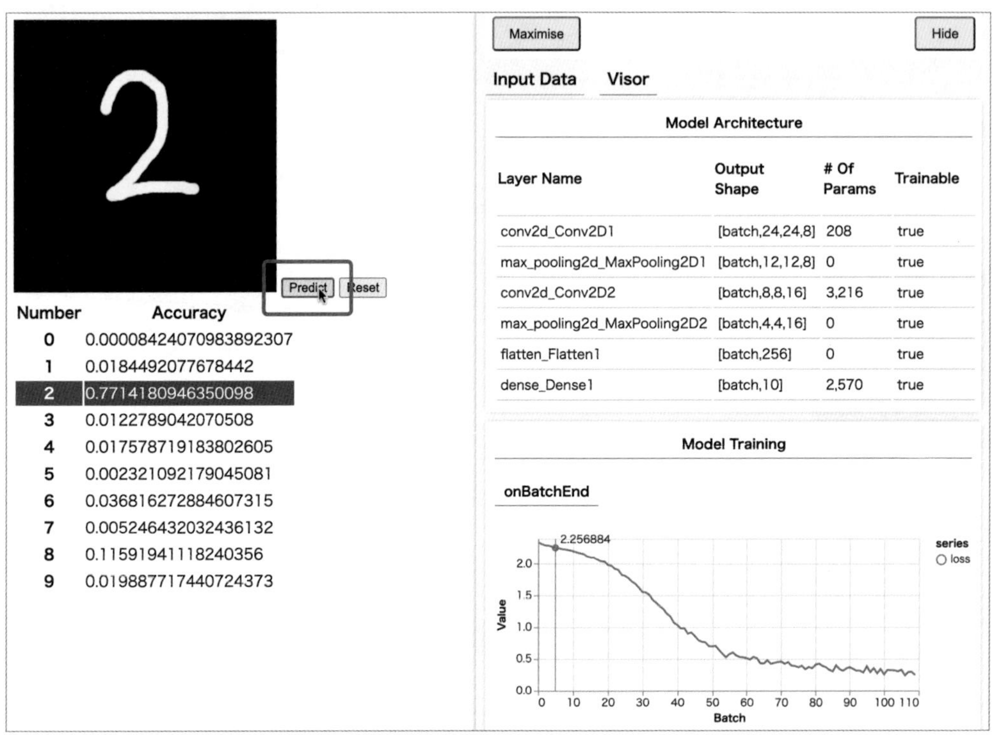

いろいろな数字を実際に書いてみて試してみましょう。間違うこともあるかもしれませんが、くせのある書き方でもちゃんと判定してくれたり、おおむね正確に判定してくれるのがわかるかと思います。

Scratch上でも「neural network（ニューラルネットワーク）」で検索してみると、人工ニューラルネットワークを使って、手書きの数字を認識*したり、自動運転をシミュレーションしたり、ゲームを学習して自動で操作したりするようなプロジェクトが見つかります。

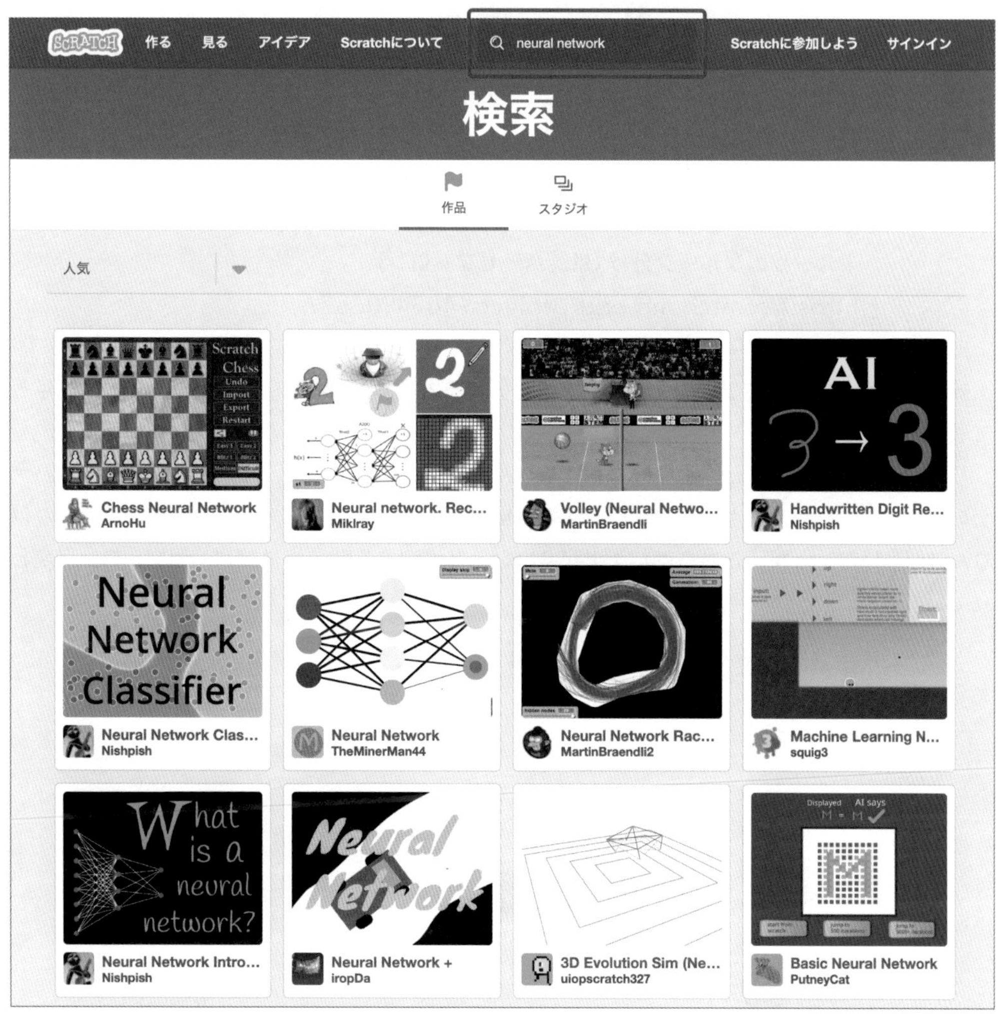

これらのプロジェクトの中身を見れば、Scratchでどのように人工ニューラルネットワークを実装しているかを知ることができます。

ただ、人工ニューラルネットワークは結構複雑な構成をしているため、理解するのは大変です。そこで、どんなものなのかその一部でも実感できるように、人工ニューラルネットワークを構成している人工ニューロンを1個だけ使う「単純パーセプトロン」を使ったScratchのプロジェクトを次の項で紹介します。

＊注：「ニューラルネットワークによる手書き数字認識 by Teba_eleven」
https://scratch.mit.edu/projects/564599222/

4-4 単純パーセプトロンでりんごとバナナをグループ分け

ブラウザで、以下のScratchのプロジェクトを開いてみてください。

フルーツのグループ分け（単純パーセプトロン）
https://scratch.mit.edu/projects/407490667/

緑の旗をクリックしてプロジェクトをスタートすると、りんごが10個ステージ上に散らばって表示されます。

りんごをクリックすると、クリックされたりんごはバナナに変わり、りんごのグループとバナナのグループに分かれるように、青い境界線が自動的に描かれます。ステージ上のこのあたりはりんごが多いな、とか、こちらはバナナが多いな、と推測する部分に単純パーセプトロンが使われています。

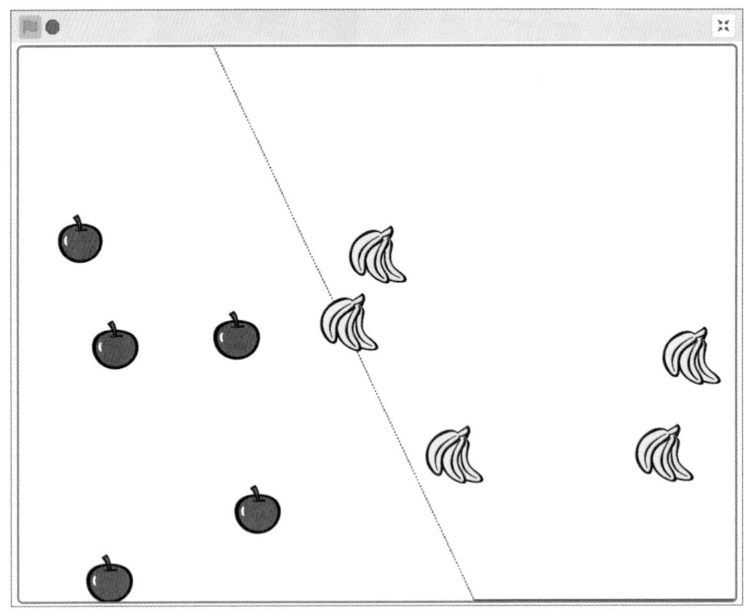

試しに、ステージ上のいろいろな場所にマウスカーソルを持っていき、スペースキーを押してみましょう。単純パーセプトロンが「このあたりはバナナグループだ！」と判定するとバナナが表示され、「このあたりはりんごグループだ！」と判定すればりんごを表示します。

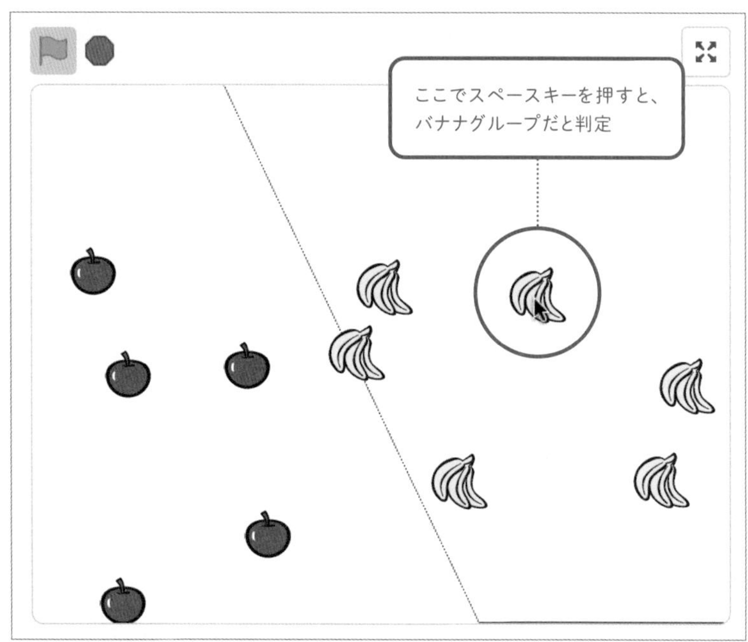

上図は、ステージの右上のあたりでスペースキーを押したところ、バナナが表示された様子です。左下のりんごが多いあたりにカーソルを移してスペースキーを押すとりんごが表示されます。

今度は、少しいじわるをして、周りをりんごに囲まれたようなりんごをひとつクリックし、バナナに変えてみましょう。

このような場合、いろいろな角度で直線が描かれる動作が繰り返されて、境界(きょうかい)線がうまく定まりません。単純パーセプトロンは、りんごとバナナを直線で分けられるような単純なケースではうまく動くのですが、このように、曲線でないとうまくりんごとバナナをグループ分けできないような、やや複雑なケースでは動かないのです*。複雑なケースを解決するには、先に述べた単純パーセプトロンを複数組み合わせた人工ニューラルネットワークが必要になります。

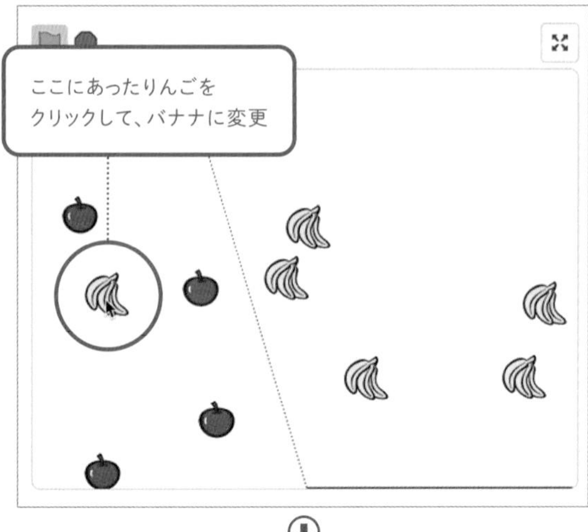
ここにあったりんごを
クリックして、バナナに変更

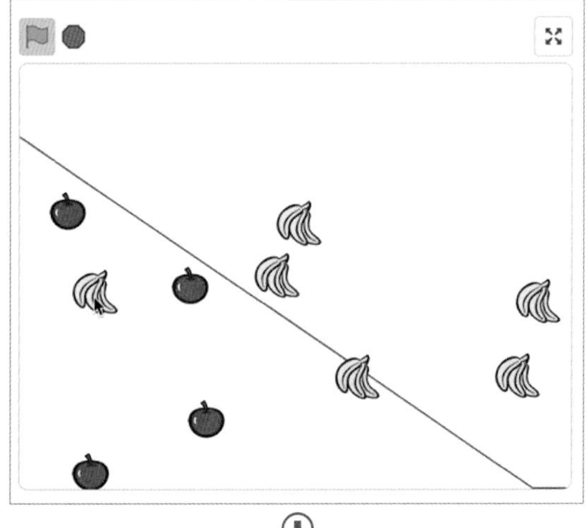

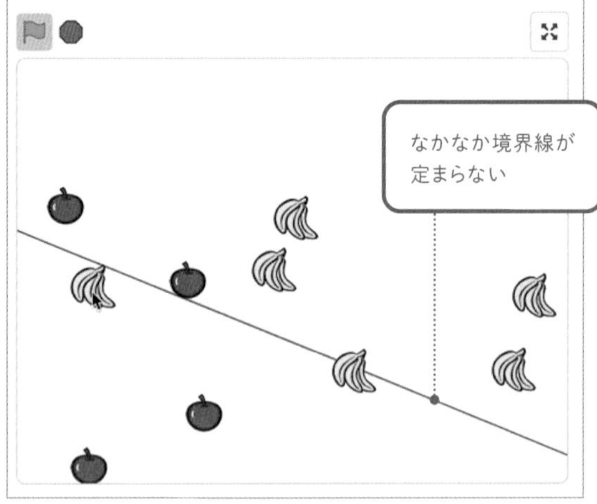
なかなか境界線が
定まらない

＊注：このことを、「線形分離可能でない」と言います。単純パーセプトロンでは、線形分離可能な問題しか解けないことは、マーヴィン・ミンスキーとシーモア・パパートが1969年に『パーセプトロン』(原題『Perceptrons: An Introduction to Computational Geometry』、MIT Press、日本語版パーソナルメディア)という本の中で証明しました。このことが、「AIの冬」と呼ばれる停滞の原因のひとつと言われています。パパートはScratchの先祖であるLOGO言語の開発者でもあり、プログラミング教育の先駆者でした。ミンスキーとパパートの関係は『創造する心』(原題『Inventive Minds: Marvin Minsky on Education』、MIT Press、日本語版オライリー・ジャパン) でくわしく紹介されています。

4-5 単純パーセプトロンの仕組みを知る

単純パーセプトロンが行っていることを図にしてみます。

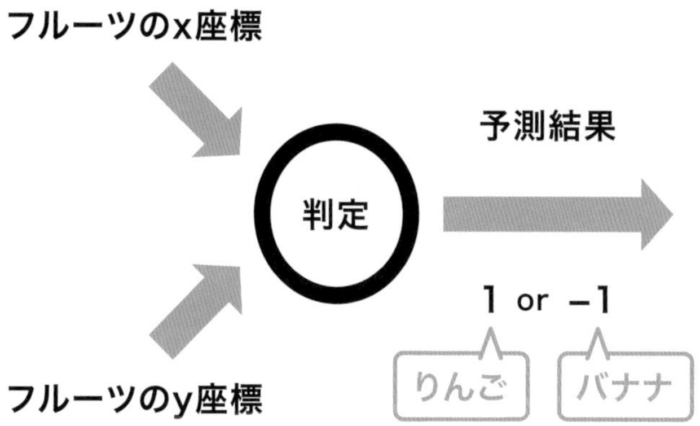

何となくニューロンの図と似ていると思いませんか？

左側には2つの入力があって、右側には1つの出力があります。いろいろな値が左側から入ってきて、それらに応じて右側の出力の値が決まります。ニューロンに、他のニューロンからの情報が送られてきた場合、ある一定の条件のときには反応して右側に伝えますが、そうでないときには反応せず情報を送らないのと似ています。

フルーツのグループ分けでは、フルーツのx座標とy座標とが左側から入力として入ってきます。右側から出ていく出力はそのフルーツが何なのかを予測した結果です。りんごだと予測したときは1に、バナナと予測したときは−1になります*。

真ん中の丸い部分では、フルーツのx座標とy座標、つまりフルーツの位置からフルーツの種類を判定しています。

＊注：通常のパーセプトロンでは、0、1が用いられますが、わかりやすくするためここでは、−1、＋1を用いています。

Scratchのプログラムでは、以下がこの判定を行っている部分です。

```
定義 学習する
フルーツの番号 ▾ を 1 にする
(フルーツの数) 回繰り返す
  x座標(-1〜1) ▾ を ((x座標のリスト ▾ の (フルーツの番号) 番目) / 240) にする
  y座標(-1〜1) ▾ を ((y座標のリスト ▾ の (フルーツの番号) 番目) / 180) にする
  もし <(((重み1) * (x座標(-1〜1))) + ((重み2) * (y座標(-1〜1)))) + (重み3) > 0> なら
    予測(りんご:1、バナナ:-1) ▾ を 1 にする
  でなければ
    予測(りんご:1、バナナ:-1) ▾ を -1 にする
  重みを修正する
  フルーツの番号 ▾ を 1 ずつ変える
予測する境界線を描く
```

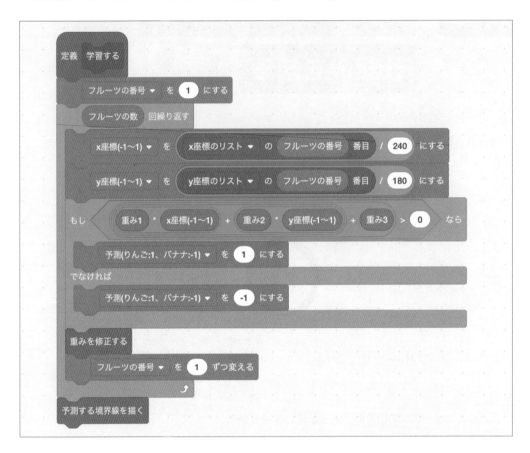

以下のような数式にx座標とy座標の値を入れると、フルーツの種類を当てるための値が出てきて、その値が0より大きかったら「りんご」、0以下だったら「バナナ」と判定しています。

$$\text{重み1} \times \text{x座標} + \text{重み2} \times \text{y座標} + \text{重み3} \quad \cdots\cdots ア$$

$$-4.637\cdots \times \text{x座標} + (-2.676\cdots) \times \text{y座標} + 1.023\cdots \quad \cdots\cdots イ$$

1つ目のアの式の「重み1」「重み2」「重み3」は、学習を繰り返していくうちに「重みを修正する」ブロックの中で修正されていき、最終的に2つ目のイの式のようにそれぞれある数値に落ち着きます。つまり、ここでは機械が学習を繰り返していくことで、マウスの位置から「りんご」か「バナナ」を判定する数式の「重み1」「重み2」「重み3」の部分を求めているのです。

この判定結果が「りんご」から「バナナ」にちょうど変わる点をすべて結んだものが、「りんご」と「バナナ」を分ける境界線として表示されているのです。

生物の脳を構成する神経細胞の仕組みをまねしてみたら、人が考えて判定するようなことをコンピューターにもさせることが可能になったというのは、とても面白いことです。

コラム

身近なところで行われている「学習」

機械学習の仕組みをさわって知るようになると、「分類モデルを作る人は、毎日画像を見ながら『りんご』『マグカップ』…などとコンピューターにひたすら教えているのかな？」というような疑問がわいてくるかもしれません。

そうしたモデルがどのように作られているかというと、私たちユーザーの行動がそれに使われていることがあります。

たとえばWebサイトでのログインなどの際に、人間の代わりにプログラムされたロボット（機械）が入ってこられないようにする仕組みがあります。よく使われているのが「reCAPTCHA（リキャプチャ）」という仕組みです。「写真の中で信号機を選んでください」とか、番地のような看板が出て「書いてある数字を入力してください」という問題を出して、入力しているユーザーが人間であるかどうかを判別するのに使われています[*1]。これはもともと機械による不正なアクセスを防ぐため、人間と機械を見分けるための機能ですが、こうした操作は、人間を教師にして人工知能に学習させる機会ともなります[*2]。

他にも機械翻訳（ほんやく）ツールを使って、ちょっと不自然な文章ができた際に人間が訂正するような操作も、機械学習の教師役となるでしょう。

より積極的に協力者をつのるような動きもあります。たとえば、Googleの「クラウドソース」というスマートフォンアプリでは、写真や手書き文字の画像認識などの精度向上のために、協力することができます。

日常的にインターネットを使っている人たちの力によって、機械学習の性能が日々改善されていると言っても過言ではないかもしれません。

＊注1：2018年10月に公開された新バージョンの「reCAPTCHA v3」では、画像認証や、チェックボックスへのチェックなど、ユーザーに何らかのアクションを求めることがなくなっています。
https://developers.google.com/recaptcha/docs/v3

＊注2：GoogleのreCAPTCHAのページにも記されています（英語）。
https://www.google.com/recaptcha/intro/?zbcode=#creation-of-value

Googleの「クラウドソース」アプリ

5 章

文章生成編

ゲームキャラのセリフをAIに作らせよう

この章では、話題の生成AI（ジェネレーティブAI）を使ったプログラム作りにチャレンジします。ChatGPTの仕組みをScratchから呼び出して使える拡張機能「ChatGPT2Scratch」を使って、ゲームのキャラにしゃべらせるセリフをAIに作ってもらいましょう。どのようにAIに伝えればよいのでしょうか？ この章を学ぶことで、生成AIをプログラミングに取り入れるとどのようなことができるのかを理解することができます。

この章で学ぶこと

君たち、ChatGPT（チャットジーピーティー）って聞いたこと、ある？

あるある！ 話しかけるように質問を入れると、その答えを返してくれるやつでしょ？

私、使ったことあるわ。

おお、さすがだね！どんなふうに使ってみたの？

「夏休みの自由研究のテーマを教えて」って聞いてみたり。「クラスのお楽しみ会でやるゲームは何がいい？」って聞いたこともあるわ。

何でも聞けちゃうの？ 便利！ 「お母さんに見つからないようにゲームする方法は？」とかも聞ける？

あはは！ 聞けるよ。
返してくれる答えが絶対正しいとは、かぎらないけどね。
このChatGPTを、プログラムの中で使うこともできるんだよ。

えーっ？どうやって？

例えば…、ゲームのプログラムを作っているときに、キャラクターにしゃべらせるセリフをChatGPTに作ってもらう、とかね。
RPGのようなゲームを考えてみよう。

わっ。ドラゴンと騎士！

ふつう、キャラクターにしゃべらせたいセリフは
どうやってプログラムする？

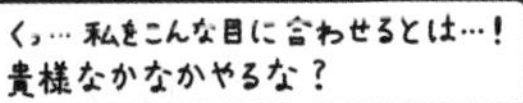

ブロックを使って、攻撃したときはこのセリフ、
やられたときにはこのセリフ、みたいに、しゃべらせたいセリフを
プログラムに書いておくわ。

だよね。でも、わざわざセリフを書いておかなくても、
ChatGPTに設定やルールを教えておくことで、
そのシーンに合うセリフを生成してくれるんだ。

えっ？ドラゴンが勝手にしゃべってる!?…んじゃなくて、
ChatGPTがセリフを作ってくれているのね。

そう。ChatGPTには、話しかけるようなふつうの文章で
命令や質問を送れるよ。ちょっとコツがいるけどね。

作ってみたい！

おことわり

ChatGPTは、GPTというOpenAIが提供している大規模言語モデルを利用して、会話をやりとりできるようにしたアプリケーションの名前です。本章で紹介するChatGPT2Scratchは、GPTを利用できるようにした拡張機能なので、「GPTをプログラムの中で使う」あるいは「ChatGPTのように答えを返してくれる仕組みを、プログラムの中で使う」というのが、より正確な表現なのですが、本書ではわかりやすさを優先して、「ChatGPTをプログラムの中で使う」「セリフをChatGPTに作ってもらう」といった表現をあえて使うようにしています。

5-1 ChatGPTって何？

「4-1　機械学習って何？」では、AI（人工知能）はSF映画などに登場するような、まだ架空のものに近い存在だと紹介しました[*1]。ところが、ここ数年でこの分野の技術が目まぐるしく進化し、AIがとても身近なものとなってきました。

特に注目すべき進化のひとつが、2021年にOpenAI社が開発した「DALL·E」というシステムです。例えば、「アボカドの形をしたイス」というような、ちょっと変わったテキストの指示から、それに応じた画像を生成することができるのです。この技術は、AIの分野において大きな一歩となりました[*2]。

そしてその次の年、2022年に登場した革新的な存在が「ChatGPT」です。「DALL·E」や「ChatGPT」のように、画像やテキストなどのさまざまな形式で情報やコンテンツを生成することに焦点を置いた人工知能の一分野は生成AI（ジェネレーティブAI）と呼ばれており、ChatGPTの登場により、生成AIが一気に私たちの身近なものとなりました。テレビのニュースや情報番組などでもよく紹介されていたので、読者のみなさんも聞いたことがあるかもしれません。

ChatGPTがこれほど人気になり、一般の人たちにも広まったのは、プログラミングのようなやや複雑な技術が必要なく、人と話すように自然な会話で質問したりおしゃべりすることができるからでしょう。

ChatGPTをはじめ他にも次々登場している生成AI技術を使った製品やサービスが、これからはいろいろなところで使われるようになるでしょう。例えばお店のお客さんのサポートをしたり、勉強の手伝いをしたり、物語や絵、音楽を作る手助けもできるのです。

本章で紹介する「ChatGPT2Scratch」を使うと、プロンプトと呼ばれる命令や質問をScratchからChatGPTに送ることができ、返ってきた答えをScratchのプログラムの中で利用することができます。生成AIとうまく組み合わせて、今までにないようなあっとおどろくScratchのプロジェクトを作ってみましょう。

＊注1：この本の初版第1刷が発行されたのは2020年7月でした

＊注2：DALL·E: Creating images from text https://openai.com/research/dall-e

ポイント

ChatGPTを利用可能な年齢は13歳以上です。また18歳未満の場合は保護者の同意が必要です（ChatGPTの利用規約より）。利用可能な年齢未満の場合は、必ず大人の人といっしょに利用するようにしましょう。

● **ChatGPT 利用規約**
https://openai.com/ja-JP/policies/terms-of-use/

子供たちがChatGPTをはじめとした各種生成AIを使うときに注意すべきことのガイドラインが、文部科学省より公開されていますので、参考にしてください。

● **文部科学省 - 生成AIの利用について**
https://www.mext.go.jp/a_menu/other/mext_02412.html

5-2 ChatGPTを使ってみよう

まずはChatGPTでどのようなことができるのか、実際に使いながら見ていきましょう。

ChatGPTはWebブラウザから使えるので、ソフトウェアを新たにインストールする必要はありません。

1 ユーザー登録

ChatGPTは、ユーザー登録なしでも使えます。ただし、あとでStretch3(ストレッチスリー)から使うときにはユーザー登録が必要になるので、まずはユーザー登録を行っておきましょう。ChatGPTのページをWebブラウザで開き、「サインアップ」のボタンをクリックします。

ChatGPT
https://chat.openai.com/

メールアドレスと、設定したいパスワードを入力して、「続ける」をクリックします。

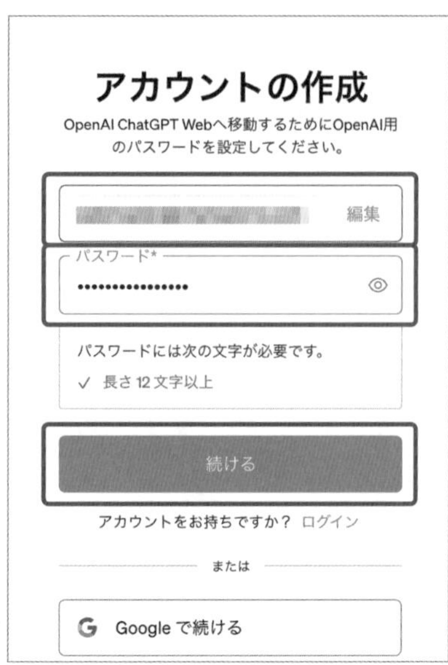

「メールを検証する」という画面になります。右上で設定したメールアドレスあてに「ChatGPT - メールアドレスの確認」というタイトルでメールが送られてくるので、メール文中の「メールアドレスの確認」のボタンをクリックします。

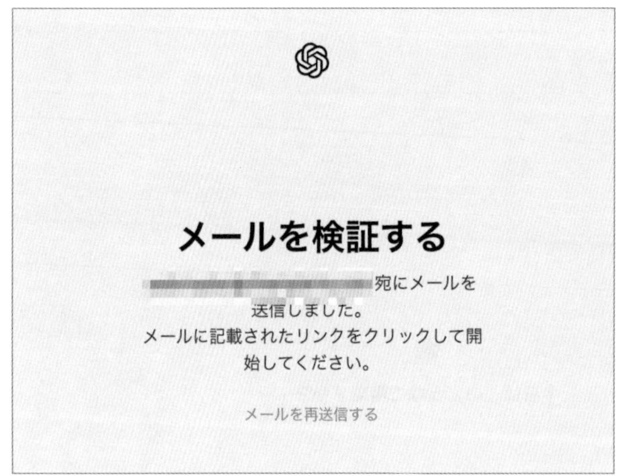

「ご自身について教えてください」という画面が開くので、氏名と生年月日を入力します。規約とプライバシーポリシーに同意できたら、「同意する」をクリックします。

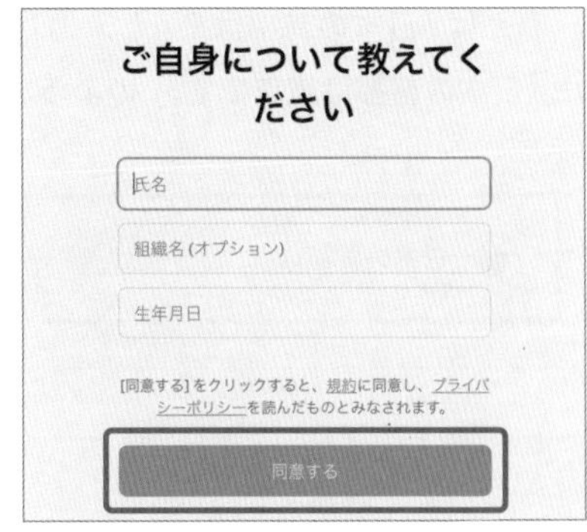

使い方のヒントが表示されるので、「それでは始めましょう」をクリックします。

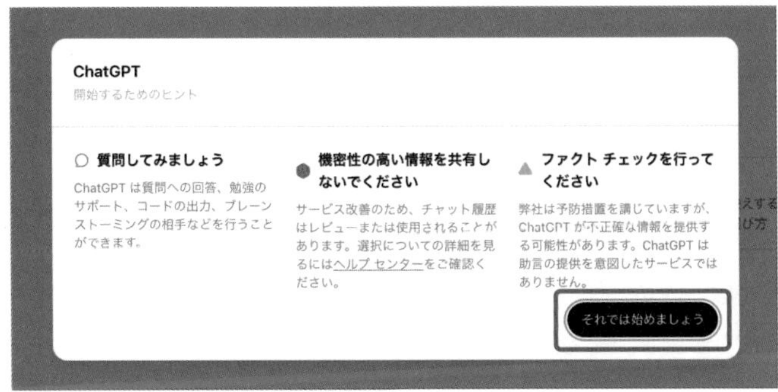

2 聞きたいことを入力

ChatGPTの使い方はとてもかんたんです。画面下の方の「ChatGPTにメッセージを送信する」と書かれている欄に、聞きたいことを日本語の普通の文章で入力するだけです。

例えば「日本の首都は？」と入力して、上向きの矢印をクリックしてみましょう。以下のように「日本の首都は東京です。」のような答えが返ってきます。

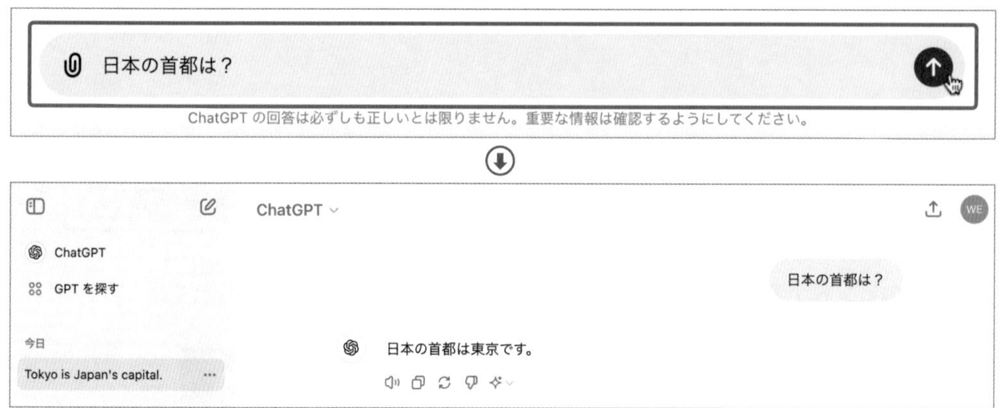

実際にみなさんがやってみた場合、答えの言い回しが少し違うかもしれません（例えば「日本の首都は東京（とうきょう）です。」のようにていねいにふりがなを付けた答えだったりします）。このように一言一句たがわず毎回同じ答えが返ってくるわけではないというのが、ChatGPTの特徴です。そのわけは、次の「5-3　どういう仕組みで動いているのか」で説明します。

かんたんな計算もできます。例えば、「1から10までの数を足した答えは?」と聞いてみましょう。

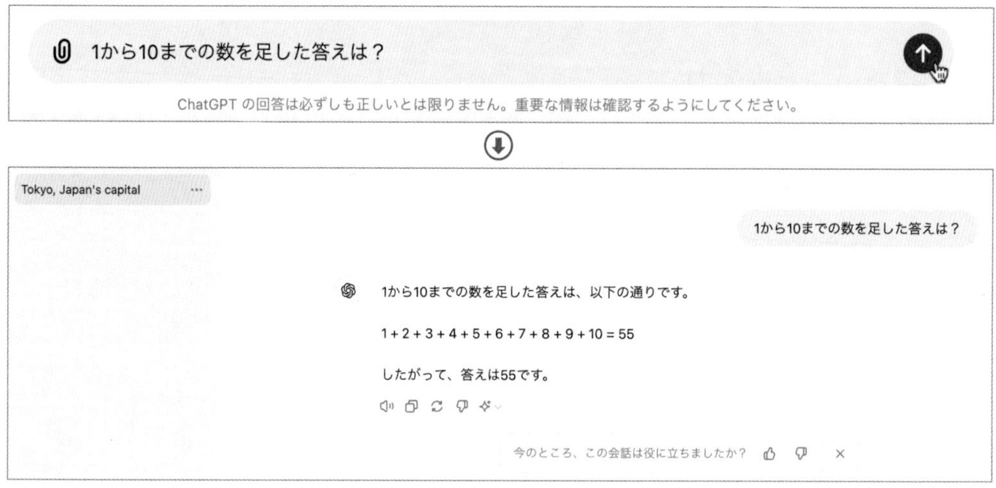

「1から10までの数を足すと、答えは55になります」と返ってきました。Scratchや他のプログラミング言語でこのような計算を行うためには、短いプログラムを自分で作る必要がありますが、ChatGPTなら、だれか他の人にたずねるような感じで、普通の日本語で聞くことができるのです（ただし、答えが常に正しいとは限りません）。

5-3 どういう仕組みで動いているのか

これまでの章で、たくさんの画像や音声を学習させることで画像認識や音声認識を行うことができる例を見てきました。ChatGPTの場合は、インターネット上にある多くの文章の情報（英語や日本語、そして他の言語で書かれた情報も）を大量に学習したモデルを持っています。

そしてそのモデルをもとに、ある文章に続く文章を推測するという試みが、ChatGPTのスタート地点になっています。

例えば、「むかしむかし、あるところに」という文章があたえられたら、それに続きそうな文章として読者のみなさんは何を思い浮かべるでしょうか？

ChatGPTに実際に聞いてみましょう。

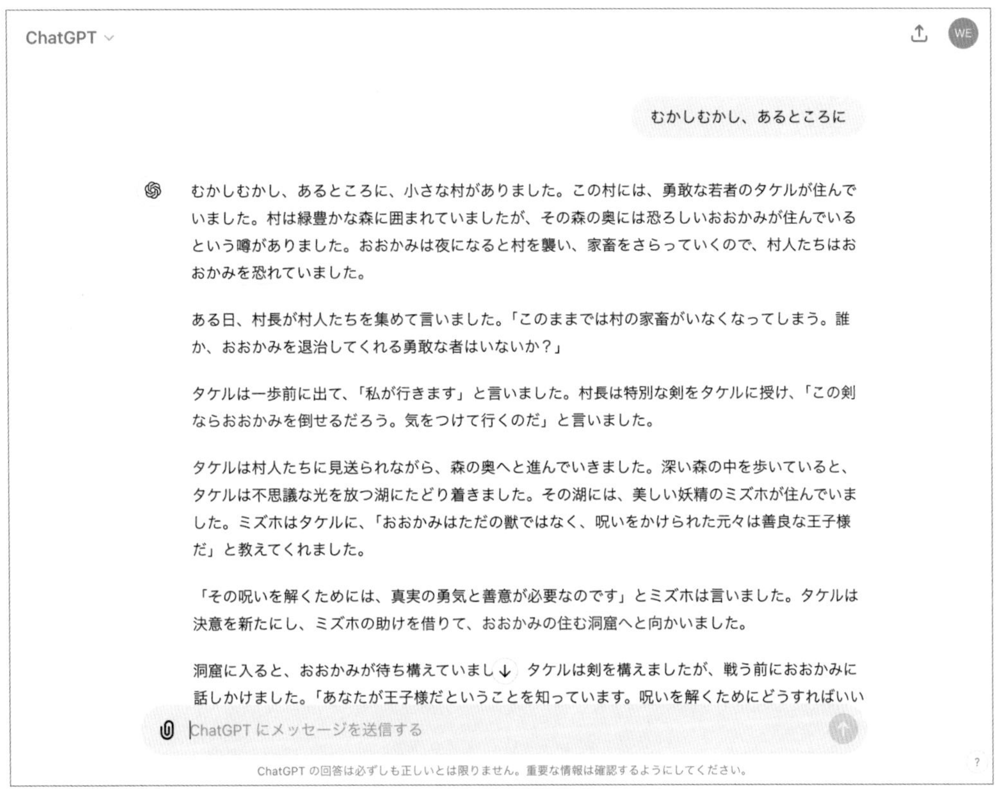

このように、ChatGPTは架空の物語を始めました。みなさんが思い浮かべた答えはどうだったでしょうか？

筆者は「むかしむかし、あるところに、おじいさんとおばあさんが住んでいました」という桃太郎の始まりの部分を思い浮かべました。今回はおおかみが出てくるお話でしたが、この文章は何らかの物語の書き出しだろうと推測して、それに続く物語を生成して、ChatGPTは答えを返したのです。

生成しているというところがChatGPTの大きな特徴で、だから毎回同じ答えが返ってくるわけではないし、答えは必ずしも正しいとは限らないので、その点に注意して使う必要があります。

ChatGPTの入力欄の下には、以下のような注意書きが書かれています。

> ChatGPT の回答は必ずしも正しいとは限りません。重要な情報は確認するようにしてください。

また、ChatGPTはインターネット上にある多くの文章の情報を学習したモデルを使っていると先に説明しましたが、リアルタイムの情報ではなく、ある時点までの情報なのです。

試しに「昨年の甲子園で優勝した高校は？」と聞いてみると、以下のように、ChatGPTは学習した情報に基づいて答えを返しますが、必ずしも最新の情報を反映しているわけではありません（最新の情報を持っていない場合は他のサイトで検索した結果などを引用します）。

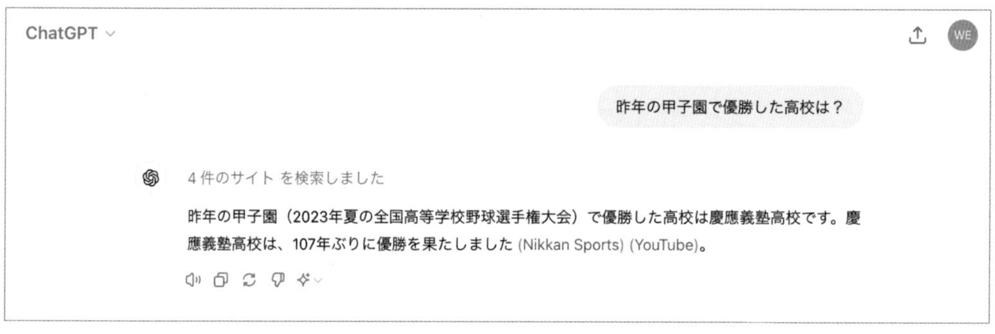

答えが100パーセント正しいとは限らない、最新の情報は持っていないので必ずしも正しい答えが返ってくるわけではない、などの弱点*はありますが、普通の文章で指示をあたえたり質問したりできるChatGPTは、今までにない画期的な道具です。そうした弱点をわかった上で、上手に使いこなすのがよいと思います。

次はいよいよ、このChatGPTの機能をStretch 3から使ってみて、今までにないようなプロジェクトを作ってみましょう。

＊注：ChatGPTには次々と新しい機能が追加され、性能も上がっています。2024年6月時点で課金ユーザーであれば制限なく利用できるChatGPT-4oあるいはChatGPT-4は、無料で利用できるChatGPT-3.5よりも正確な情報を返すことができます。

5-4 ChatGPT2Scratchの準備

ここまででChatGPTをWebブラウザから直接操作して体験しましたが、このままではプログラミングと連携することはできません。

そこで、Stretch3に用意された拡張機能のひとつ、ChatGPT2Scratchを使いましょう。この拡張機能を使うと、ChatGPTが用意しているAPI（Application Programming Interface。他のプログラムやサービスとやり取りするためのルールや仕組み）を使って、Stretch3とChatGPTをつなぐことができます。具体的には、ChatGPTにあたえるプロンプトを、Stretch3から送ることができ、ChatGPTから返ってきた答えをStretch3が受け取って利用できるようになります。

1 APIキーを取得する

ChatGPT2ScratchでChatGPTとやり取りするには、APIキー（API Keys）と呼ばれる鍵が必要になり、あらかじめユーザーが取得しておく必要があります。これを使用することで、自分が作ったプログラムとChatGPTがやり取りできるようになり、だれの作ったプログラムから呼ばれたかがわかるという仕組みです。

なお、APIキーでのChatGPTの利用には料金がかかります。

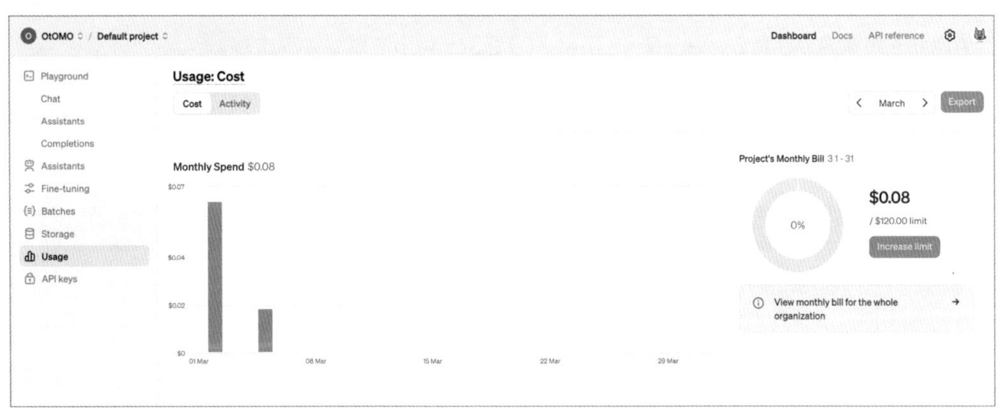

自分がいまどのくらい使っているかは、管理画面の「Usage」から確認できる。

あらかじめいくらかチャージしておき、その金額までAPIを使えるという仕組みなので、うっかり使いすぎて高額な請求(せいきゅう)がくるということは避(さ)けられます。これから試す会話やプロジェクトでかかる料金は、1回の入力と出力で0.05ドルくらいです。5〜10ドルもあれば、いろいろ試しながら十分楽しめるでしょう。

APIキーの取得のしかたは、次のWebページでくわしく紹介しているので、そちらを見ながら進めてください。大きな流れは以下のようになります。

APIキーの取得方法

https://github.com/ichiroc/chatgpt2scratch/blob/main/APIKEY_SETUP.ja.md

---

[APIキー取得の流れ]

① OpenAIのサイトにサインインする
② APIのページへ進む
③ 残額がある場合→④に進む
残額がない場合→支払(しはら)い方法(クレジットカード)を追加して入金する
④ APIの利用のために電話番号認証(にんしょう)(本人確認)をする(初回のみ)
⑤ APIキーを作成する(作成されたキーをファイルなどにメモする)

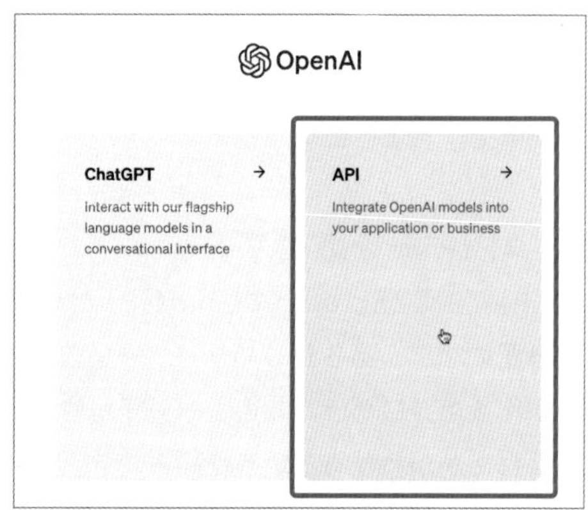

ChatGPTかAPIを選ぶ画面では、「API」を選択する。

APIキーが準備できたら、さっそくChatGPT2Scratchを試してみましょう。

▶ APIの利用料について

● APIキーの利用にかかる料金の目安は、トークンという単位で示されます。英語のテキストの場合、1トークンは約4文字または0.75単語となります(OpenAIのFAQより)。日本語の文字数は英語より少し多めにカウントされます。
「Tokenizer」というページで、実際の文章を入力して何トークンなのかを調べることができます。
https://platform.openai.com/tokenizer

●2024年6月現在、ChatGPT2Scratchは、OpenAIのAPIの「gpt-3.5-turbo」モデルを利用しています。APIの利用料金は、1メガ（100万）トークンあたり入力が0.50ドル、出力が1.50ドルとなっています（シェイクスピアの全集が約120万トークン：約90万単語）。
APIの利用料金体系は変わることがあります。最新情報は、以下のページから確認することができます。
https://openai.com/api/pricing/

●今後、ChatGPT2Scratchで利用するモデルが変わることもあります。どのモデルを利用しているかは、以下のページで最新情報が示されています。
https://github.com/ichiroc/chatgpt2scratch/blob/main/README.ja.md

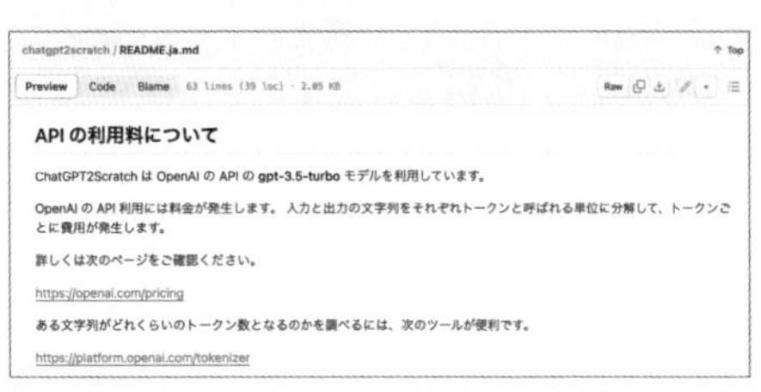
chatgpt2scratch / README.ja.md

Preview Code Blame 63 lines (39 loc) · 2.05 KB

API の利用料について

ChatGPT2Scratch は OpenAI の API の **gpt-3.5-turbo** モデルを利用しています。

OpenAI の API 利用には料金が発生します。入力と出力の文字列をそれぞれトークンと呼ばれる単位に分解して、トークンごとに費用が発生します。

詳しくは次のページをご確認ください。

https://openai.com/pricing

ある文字列がどれくらいのトークン数となるのかを調べるには、次のツールが便利です。

https://platform.openai.com/tokenizer

2 拡張機能を追加する

ChatGPT2Scratchは、Stretch3から利用します。使用するブラウザはChromeを推奨（すいしょう）します。

Chromeのアドレス欄（らん）に以下のURLを入力して、Stretch3（ストレッチスリー）を開きます。

Stretch3（ストレッチスリー）
https://stretch3.github.io/

「拡張機能を追加」（左下のブロックに＋が付いた紫のボタン）をクリックして「拡張機能を選ぶ」画面を開きます。「拡張機能を選ぶ」画面では、以下のChatGPT2Scratch拡張機能を選びます。

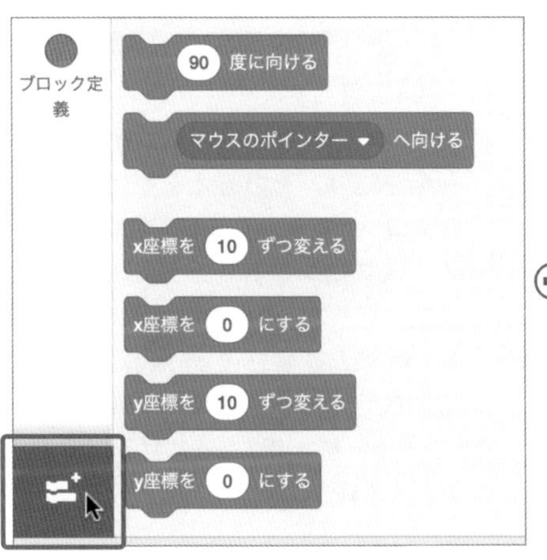

拡張機能を追加すると、右図のようなブロックが追加されます。

ChatGPTにプロンプトを渡すためのブロックは、次の２種類があります。

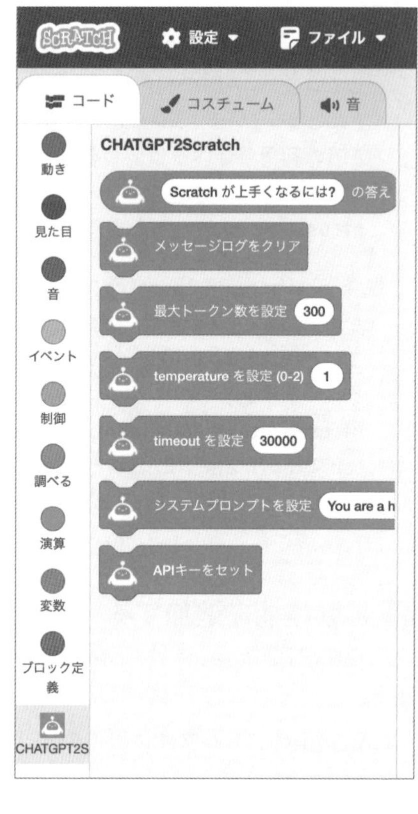

先ほど取得したAPIキーをこちらの拡張機能に入力しましょう。「APIキーをセット」というブロックをクリックすると、「APIキーを入力してください」という小さな通知画面が表示されます。

この欄に、先ほど取得したAPIキーを入力して、「OK」をクリックしてください。これで準備は完了です。

▶システムプロンプトと通常のプロンプト

ChatGPTにプロンプトを渡すためのブロックは、次の２種類があります。

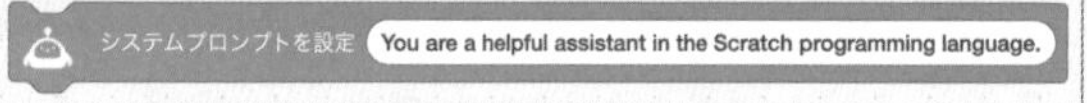

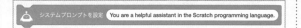

ChatGPTに自身の役割を認識させるためのプロンプトを送るブロックです。最初に設定しておきます。初期設定では「You are a helpful assistant in the Scratch programming language.（あなたはScratchのプログラミング言語について役に立つアシスタントです）」となっており、Scratchのことについていろいろ教えてくれる役割になっています。

実行すると、ChatGPTに質問や命令を送り、その答えを受け取れるブロックです。ChatGPTは、システムプロンプトであたえられた役割に応じて、入力されたプロンプトに対する答えを送ってくれます。初期設定では、プロンプト部分に「Scratchが上手くなるには?」と入力されています。

5-5 ChatGPT2Scratchを試してみる

さっそくStretch3からChatGPTを使ってみましょう。5-2で体験した通り、ChatGPTはプロンプトに対する答えを返してくれます。ChatGPT2Scratchの「『プロンプト』の答え」というブロックをクリックしてみましょう（プロンプトのところには、最初「Scratchが上手くなるには？」と入っています）。APIキーが正しく設定されていれば、ブロックの中身を表示するふき出しが表示されて、下図のようにChatGPTが返した答えが書かれているはずです。

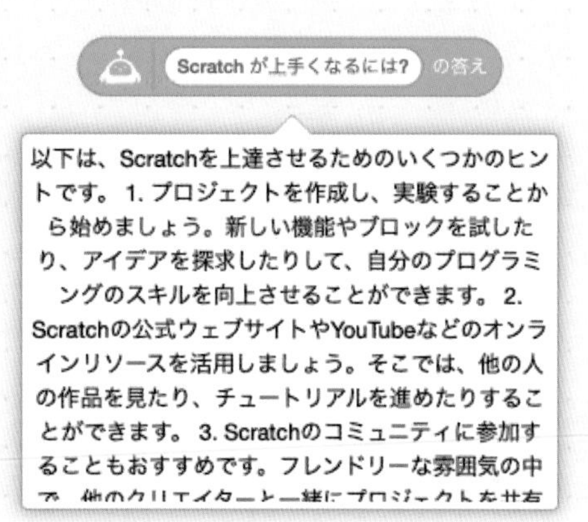

みなさんが試したときに表示される回答は、124ページでChatGPTを直接体験したときと同様に、右図の回答とは異なっているでしょう。ブロックを実行するたびに、APIを通じて、ブロックに入力されたプロンプトをChatGPTに送り、ChatGPTが返してくれた答えを表示してくれるということです。

このブロックは、「…と言う」ブロックや、変数ブロック、リストなどに入れることができますし、データとして扱（あつか）うことができます。例えば次のようなコードを作ると、ネコがChatGPTのかわりに答えてくれる「CatGPT（キャットジーピーティー）」が作れます。

使用ブロック

- イベント→旗が押されたとき
- ChatGPT2Scratch→システムプロンプトを設定
- 調べる→「あなたの名前は何ですか？」と聞いて待つ
- 見た目→「こんにちは！」と言う
- ChatGPT2Scratch→「Scratchが上手くなるには？」の答え
- 調べる→答え

131ページのコードでは、まず、「システムプロンプトを設定…」のブロックの入力欄を空欄にしています。空欄にすることで、ChatGPTに特定の役割をあたえず、いろいろなことに答えてくれるようになります。

「…と聞いて待つ」のブロックを使うと、ステージ上ではスプライトがセリフを表示し、下の方に入力欄が出てきます。入力欄に入力されたものは「答え」ブロックに入ります。そのためこのプログラムでは、入力欄にユーザーの質問を入れると（例えば「日本の人口を教えて」）、その言葉が「答え」に入り、ChatGPT2Scratchの「『プロンプト』の答え」のプロンプトにすることができます。そして、ユーザーの質問を受け取ってChatGPTが出した答えを、スプライトがしゃべってくれるのです。

続けて、もう一度緑の旗を押して「首都は？」と聞いてみましょう。すると「日本の首都は東京です」のように答えてくれるでしょう。これは、最初に日本の人口について質問したことをChatGPTが覚えていて、続きの質問として日本のことをたずねているのだろうと関連付けて答えてくれているからです。

ポイント

前の質問と関連付けないで答えてほしいときは、「メッセージログをクリア」ブロックを使うと、これまでのプロンプトを削除できます。

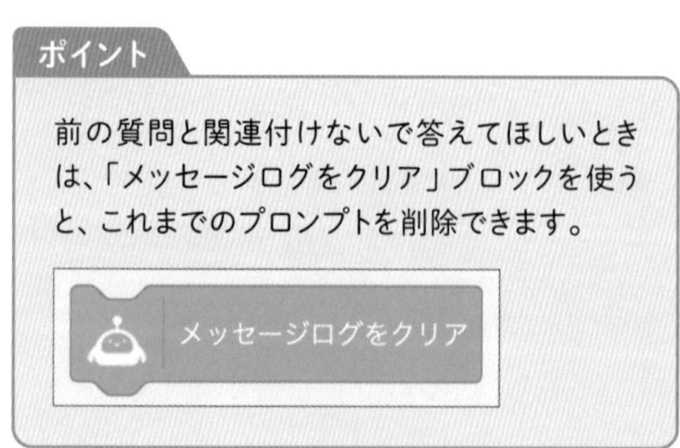

5-6 RPGゲームキャラのセリフを自動生成する

いよいよ、ChatGPTの機能を活かしたプログラムを作ってみましょう。ここではRPGゲームのバトルシーンのようなイメージで、ChatGPTにキャラクターのセリフを作ってもらうプログラムを考えます。

1 作品の検討

RPGゲームのバトルシーンでは、主人公と敵の攻撃によって、おたがいのHP（ヒットポイント。残りのエネルギーのこと。0になると負け）は常に変わります。そのHPに基づいてさまざまなセリフをしゃべらせようすると、通常のプログラムでは多くの条件式を作らなければなりませんね。

ですが、ChatGPTを使えば、それぞれのHPなどの状態を伝えることで、それに合わせたセリフを自動的に生成させることができそうです。ということで、以下のような設定のかんたんなRPGゲームを考えてみました。

登場人物
- 主人公（騎士）
- 敵（ドラゴン）

パラメーター
- 主人公のHP
- 敵のHP

条件
- HPはいずれも最初100
- HPが0以下になると負け

ChatGPTにやってもらいたいこと
- 主人公のHPと敵のHPを参照しながら敵のセリフを生成

操作方法

ここでは、ChatGPTをプログラムに組みこむ方法を学ぶため、ゲームの操作の仕組みはなるべくかんたんにします。

スペースキーを押すたびに、主人公または敵の攻撃が行われます。どちらの攻撃ターンになるかはランダムに決まり、ダメージの量も乱数でランダムに決まることにします。

2 ChatGPTのプロンプトを考える

このRPGゲームでは、敵のキャラクター（ドラゴン）にしゃべらせるセリフは、プログラムであらかじめ作っておくのではなく、ChatGPTに生成してもらいたいと考えています。133ページの「ChatGPTにやってもらいたいこと」にあたる部分ですね。そのために、先ほどのChatGPT2 Scratchのブロックを使って、ChatGPTにプロンプトを設定したり送る必要があります。

では、それらのプロンプトは、どのように作ればよいでしょうか？

例えば「RPGゲームでドラゴンのHPが最初に100あるとして、0以下になると倒されます。ドラゴンのHPが15で、騎士のHP50のとき、ふさわしいセリフを教えてください」というプロンプトを送ると、

○ドラゴンの残りのHPが15でそろそろ負けそうなこと

○騎士のHPは50で余裕があること

という状況をChatGPTは理解して、「ドラゴンは負けそうなので、『最後まであきらめないぞ』というセリフがふさわしいと思います。」のように返してくれるでしょう。このまま、キャラクターのセリフに当てはめることはできませんね。そこで、以下のようにプロンプトを工夫してみました。

○キャラクターになりきってもらう→「あなたはRPGゲームにおけるドラゴンです。」

○返してほしい言葉を指定する→「セリフだけを言ってください。」

システムプロンプト

「あなたはRPGゲームにおけるドラゴンです。これからドラゴンのHPと騎士のHPが送られてきます。HPがどちらも最初は100あるとして、だれかのHPが0以下になると終了です。HPの残り具合にふさわしいドラゴンのセリフだけを言ってください。また、もしゲームオーバーのときははっきりとわかるように言ってください。」

プロンプト

「ドラゴンのHPが（変数：ドラゴンのHP）で、騎士のHPが（変数：騎士のHP）です。」

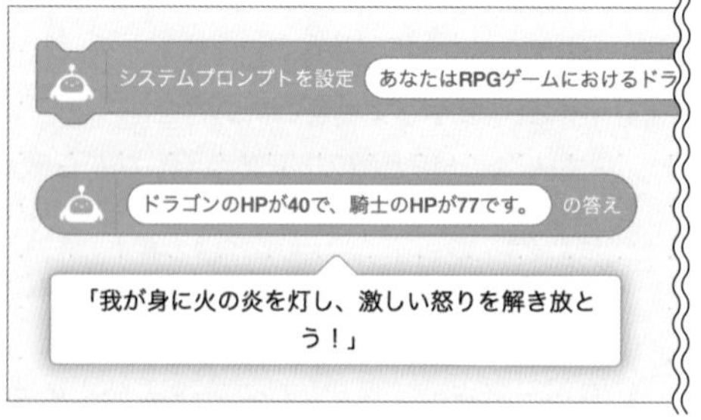

今回は、CatGPTのプログラムと違い、ドラゴンのセリフの文章だけを生成してもらいたいので、システムプロンプトを使って役割をはっきり認識させておきます。システムプロンプトで「これからドラゴンと騎士のHPが送られてきます」としているので、指示としてのプロンプトは、このような形で送れば大丈夫です。

ためしに、どんな答えが返ってくるか、作ったプロンプトをそれぞれのブロックに入れて実行してみましょう（右上の図）。変数の部分には、仮に、40と77を入れてみました。うまくセリフを作ってくれそうですね。

3 作品のプログラミング

作品の骨組み 1 とプロンプト 2 が決まったので、プログラミングに入っていきます。まず、このプロジェクトで使うスプライトを読みこみましょう。ネコのスプライトは必要ないので削除してかまいません。「スプライトを選ぶ」から、主人公に「Knight（騎士）」、敵に「Dragon（ドラゴン）」のスプライトを選びます。

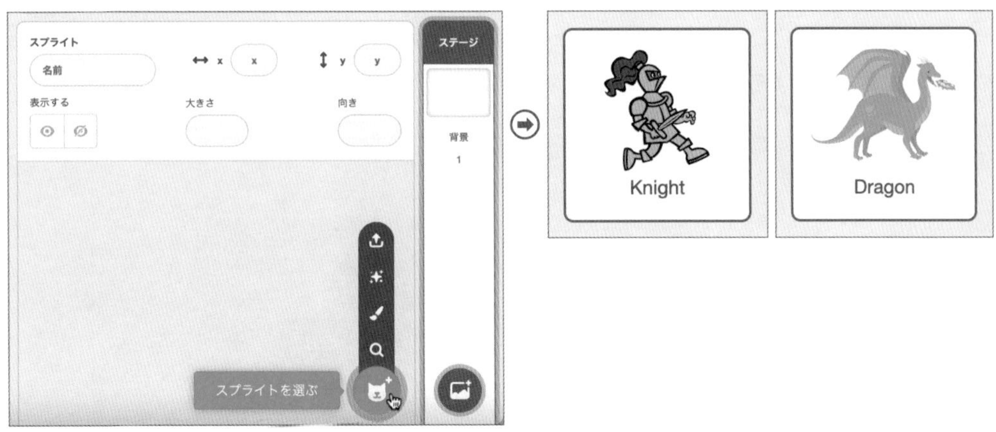

ドラゴンをステージの左側に置いて、騎士を画面の右側に置きましょう。騎士をドラゴンに向かわせるために、騎士のスプライトの向きを–90度に向けて、左右のみに反転するように設定します。

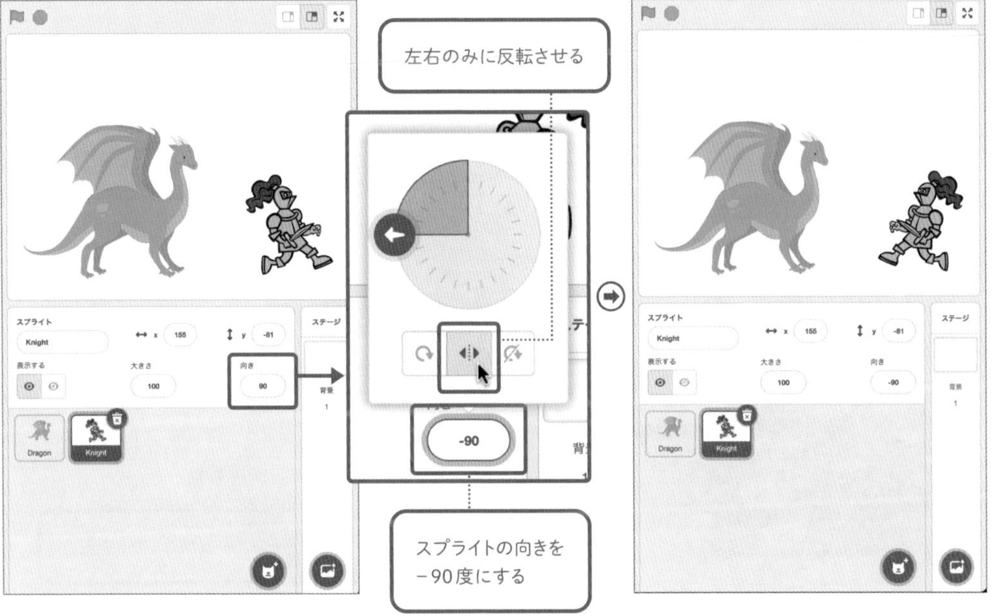

次にChatGPTに関係のないゲームの仕組みから作っていきます。それぞれのキャラクターのHPなどに使う変数、攻撃のターンの仕組みを作っていきましょう。進行に関するコードはステージに作成していきますので、「ステージ」を選択してください。

必要な変数は、「ドラゴンのHP」「騎士のHP」「ダメージ」の3つです。「騎士のHP」「ドラゴンのHP」は、それぞれの現在のHPを表します。「ダメージ」は、それぞれの攻撃ターンのときに相手にあたえるダメージの量をランダムに決めて、相手側のHPから減らすために使います。

「騎士のHP」「ドラゴンのHP」はそれぞれのキャラクターの上部に表示して、「ダメージ」は非表示にしておきましょう。

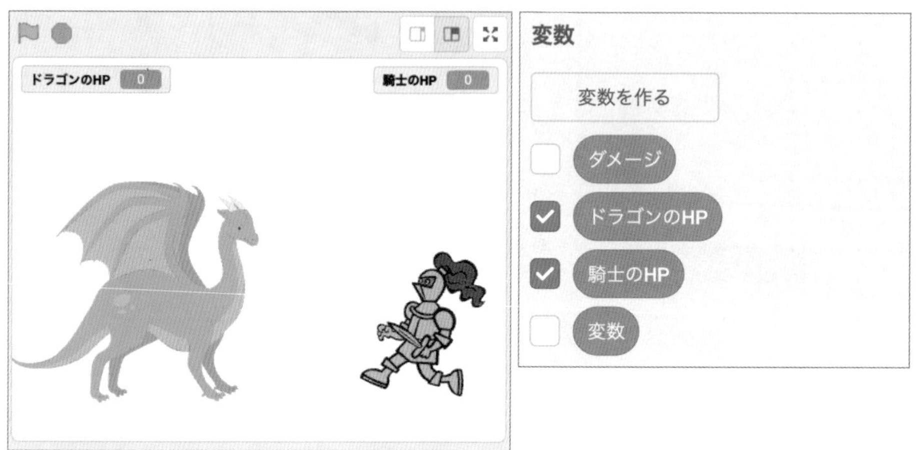

使用ブロック

● 変数→変数を作る→「ドラゴンのHP」「騎士のHP」「ダメージ」を作成

次に、HPの管理やターンの進行を、ステージのコードとして作っていきます。

緑の旗が押されたときに、チャットのログをクリアして、システムプロンプトを設定します。同時に「ドラゴンのHP」「騎士のHP」をそれぞれ100にします。

● ステージのコード

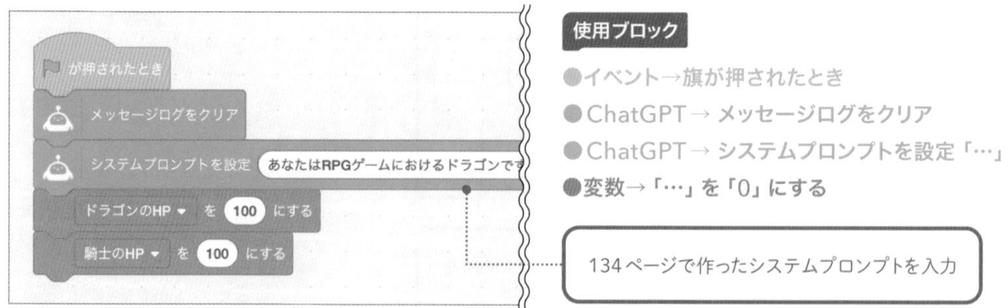

攻撃ターンの操作として、スペースキーが押されたときに、乱数ブロックを使い1から20までの値でランダムにダメージの量を決めます。ドラゴン、騎士、どちらの攻撃ターンになるかも、乱数ブロックを使ってランダムに決め、HPを減らすコードを組み立てていきます。

● ステージのコード

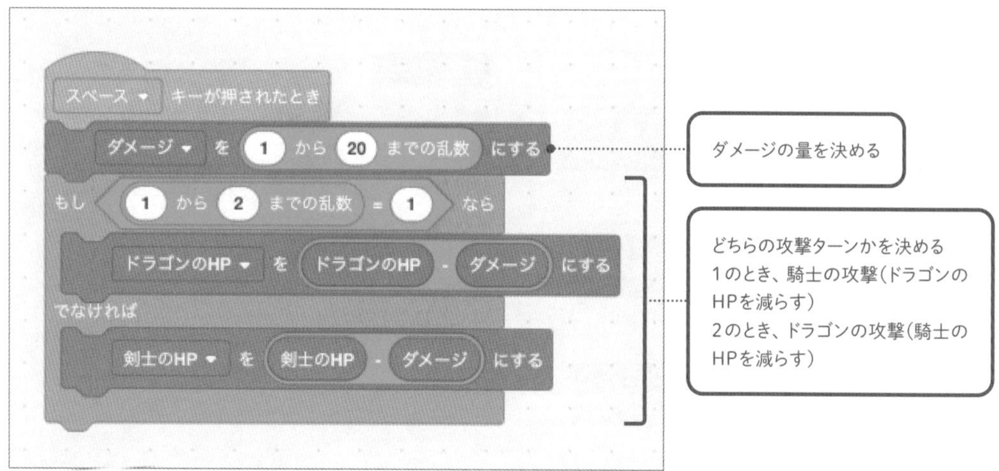

使用ブロック

- ●イベント→「スペース」キーが押されたとき
- ●変数→「…」を「0」にする
- ●演算→「1」から「10」までの乱数
- ●制御→もし「…」なら／でなければ
- ●演算→「…」=「50」
- ●変数→「ドラゴンのHP」「ダメージ」「騎士のHP」

ダメージの量は「1から20までの乱数」としています。

攻撃ターンは、1または2の出る乱数ブロックを利用し、1のときは騎士の攻撃ターンとしてドラゴンのHPを減らし、2のときは反対にドラゴンの攻撃ターンとして騎士のHPを減らしています。

ここまで作ると、緑の旗を押してからスペースキーを何度か押せばHPがそれぞれランダムに減っていくことが確認できるはずです。

これだけでは味気ないので、それぞれのキャラクターに攻撃のときの動作を付け加えてみましょう。メッセージブロックを使って以下のように作成してみました。

ドラゴンのスプライトには炎を吐くコスチュームが用意されていたので、前にふみ出して炎を吐いて、もどる動作にしています。

●ドラゴンのコード

使用ブロック

- ●イベント→「メッセージ1」を受け取ったとき
- ●動き→「10」歩動かす
- ●見た目→コスチュームを「dragon-c」にする
- ●制御→「1」秒待つ

騎士のスプライトにはコスチュームの種類がないため、前にふみ出すのみとしました。135ページで左向きに設定しているので、ふみ出すときのコードはドラゴンと同じ、「100歩動かす」のあと「−100歩動かす」でよいことも確認してください。

●騎士のコード

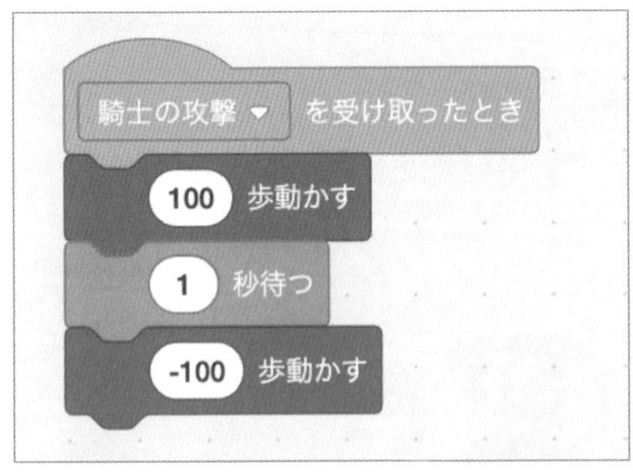

使用ブロック

- ●イベント→「メッセージ1」を受け取ったとき
- ●動き→「10」歩動かす
- ●制御→「1」秒待つ

それぞれ組み立てたブロックをクリックすると、攻撃のときの動作を確認できるでしょう。ねらった通りに動いていれば、「メッセージを送る」ブロックを使って、攻撃ターンを決めるプログラムに動作を開始するタイミングをステージのコードに組みこんでいきます。

●ステージのコード

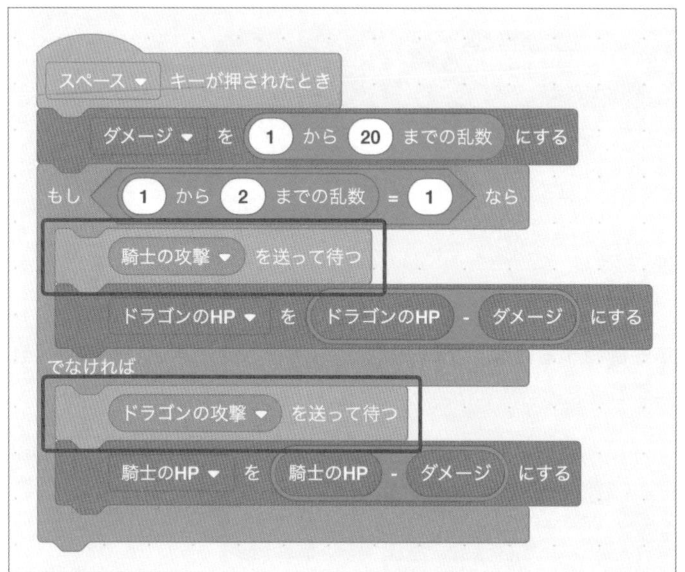

使用ブロック

●イベント→
「メッセージ1」を送って待つ

このように、条件分岐のそれぞれの攻撃ターンに「騎士の攻撃を送って待つ」「ドラゴンの攻撃を送って待つ」ブロックを入れました。ここでも、うまく動いているかスペースキーを何度か押して確認してみましょう。攻撃側の動作と、相手がダメージを受けるタイミングがそれぞれ合っていれば、成功です。

4 ChatGPTにセリフを作ってもらう

最後にChatGPTにセリフを作ってもらうためのプログラムを作っていきます。

まず、ドラゴンのスプライトにセリフをしゃべらせるプログラムを作ります。134ページで作ったプロンプトの文章を、演算カテゴリの「(りんご) と (バナナ)」ブロックを使って組み立ててみます。何重にもなってわかりにくいですが、最終的に文章がつながっていればOKです。

プロンプト

ドラゴンのHPが(変数：ドラゴンのHP)で、騎士のHPが(変数：騎士のHP)です。

●ドラゴンのコード

ドラゴンのHPが と ドラゴンのHP と で、騎士のHPが と 騎士のHP と です。

使用ブロック

●演算→「りんご」と「バナナ」
●変数→「ドラゴンのHP」「騎士のHP」

このブロックで作成される文章を確認するには、ブロックをクリックしてふき出しを表示させましょう。

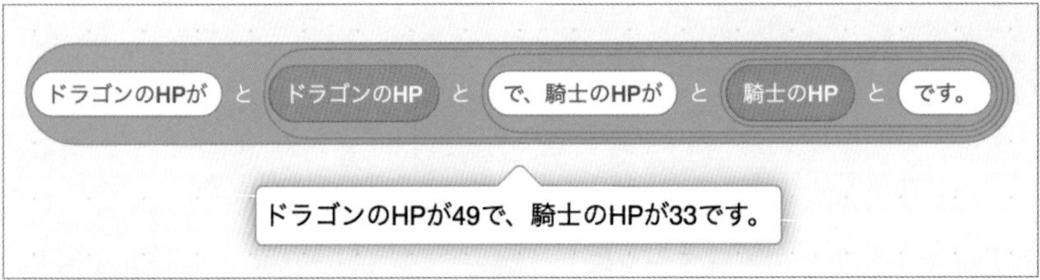
ドラゴンのHPが
と
ドラゴンのHP
と
で、騎士のHPが
と
騎士のHP
と
です。
ドラゴンのHPが49で、騎士のHPが33です。

これをChatGPT2Scratchのブロックへ入れてChatGPTに指示を送り、さらにChatGPTが生成したセリフをしゃべらせるようにしてみましょう。

ドラゴンのHPが
と
ドラゴンのHP
と
で、騎士のHPが
と
騎士のHP
と
です。
Scratch が上手くなるには?
の答え

使用ブロック

●ChatGPT2Scratch→「Scratchが上手くなるには？」の答え

ポイント

複数のブロックが何重にもなっているブロックをドラッグ&ドロップするときは、一番外側のブロックをつかむように、注意しましょう。そうしないとブロックがバラバラになってしまいます。

「『プロンプト』の答え」のブロックへ入れたあと、「『……』と言う」ブロックに入れます。

ドラゴンのHPが と ドラゴンのHP と で、騎士のHPが と 騎士のHP と です。 の答え
こんにちは! と言う

ドラゴンのHPが と ドラゴンのHP と で、騎士のHPが と 騎士のHP と です。 の答え と言う

使用ブロック

●見た目→「こんにちは！」と言う

この処理は「ドラゴンがセリフをしゃべる」というメッセージを使って呼び出すことにします。

ドラゴンがセリフをしゃべる ▾ を受け取ったとき
ドラゴンのHPが と ドラゴンのHP と で、騎士のHPが と 騎士のHP と です。 の答え と言う

使用ブロック

●イベント→「メッセージ1」を受け取ったとき

メッセージを送るのは、ステージのターン条件分岐のあとにしてみましょう。

●ステージのコード

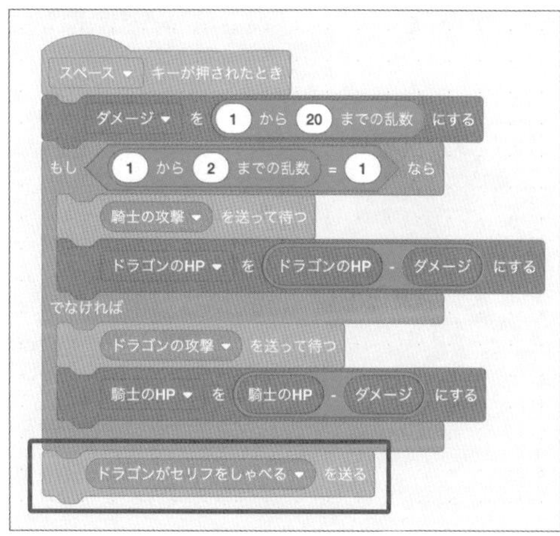
スペース ▾ キーが押されたとき
ダメージ ▾ を 1 から 20 までの乱数 にする
もし 1 から 2 までの乱数 = 1 なら
騎士の攻撃 ▾ を送って待つ
ドラゴンのHP ▾ を ドラゴンのHP - ダメージ にする
でなければ
ドラゴンの攻撃 ▾ を送って待つ
騎士のHP ▾ を 騎士のHP - ダメージ にする
ドラゴンがセリフをしゃべる ▾ を送る

使用ブロック

●イベント→「メッセージ1」を送る

ここでスペースキーを押して試してみましょう。ドラゴンがセリフをしゃべれば成功です。ただし、このままではドラゴンのセリフが表示されっぱなしになるので、「ドラゴンのセリフを消す」というメッセージを使って消すようにします。以下のように、スペースキーが押されたあとに一度消すようにするとよいでしょう。

●ステージのコード

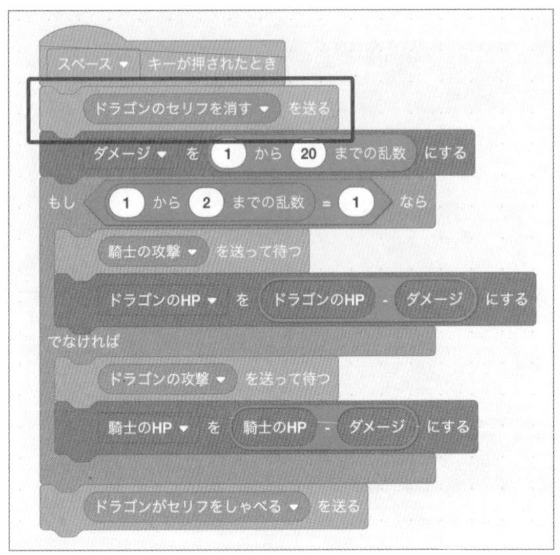

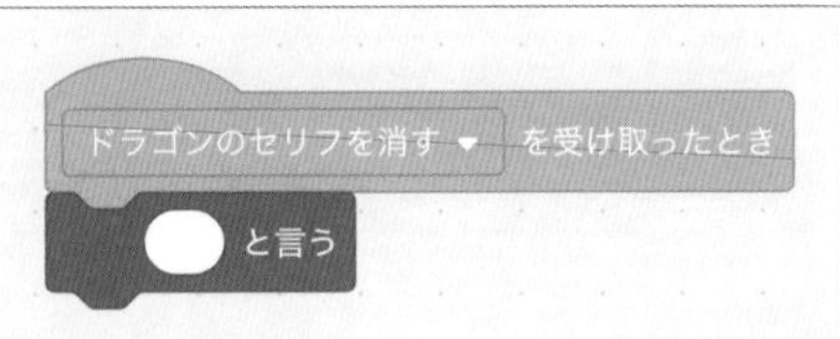

使用ブロック

●イベント→「メッセージ1」を送る
●イベント→「メッセージ1」を受け取ったとき
●見た目→「こんにちは！」と言う

完成したら、スペースキーを押して試してみましょう。どちらかのターンとなり、攻撃の動作のあと、ドラゴンがセリフをしゃべってくれるでしょうか？ どちらかのHPが0以下になるまで続けてみましょう。きちんと勝敗を判断してセリフを生成したでしょうか。

このように、キャラクターにしゃべらせるセリフを、あらかじめプログラムに書いておくことなく、状況に応じてChatGPTに生成させることができました。

ところで、この状況で騎士にもセリフをしゃべらせてみるとどうなるでしょうか？ ためしに以下のようなブロックを作って実行してみるといいでしょう。

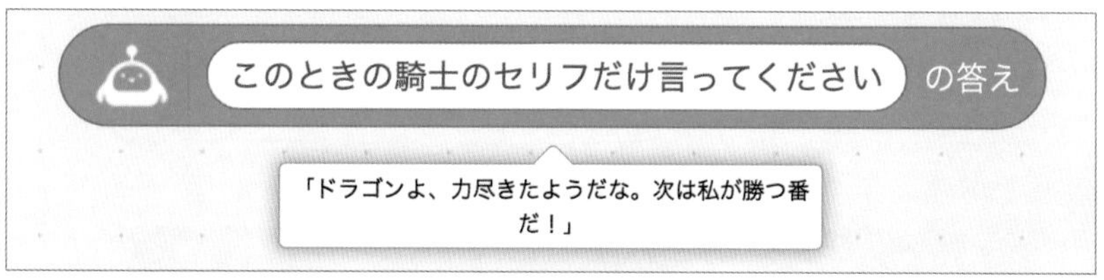

状況に合った騎士のセリフが得られそうです。プロンプトを工夫すれば、両者のセリフを同時に生成してくれそうだと考え、以下のようなシステムプロンプトに変更してみました。

合わせてドラゴンと騎士のセリフをしゃべるためのプロンプトも、次のようにしてみました。

システムプロンプト

「あなたはRPGゲームのセリフを生成します。だれのセリフであるかは、これから送るプロンプトで指示します。同時にドラゴンのHPと騎士のHPも知らせます。HPがどちらも最初は100あるとして、だれかのHPが0以下になるとゲームオーバーです。指示された者の立場で、それぞれのHPの残り具合にふさわしいセリフだけを言ってください。」

ドラゴンがセリフをしゃべるためのプロンプト

「ドラゴンのHPが（変数：ドラゴンのHP）で、騎士のHPが（変数：騎士のHP）のときのドラゴンのセリフ。」

騎士がセリフをしゃべるためのプロンプト

「ドラゴンのHPが（変数：ドラゴンのHP）で、騎士のHPが（変数：騎士のHP）のときの騎士のセリフ。」

ブロックは144ページのように組み立ててみました。こうすると、両者が状況に応じてセリフをしゃべるようになりましたね（144ページのステージ画面）。

●ドラゴンのコード

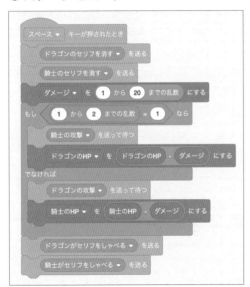

```
ドラゴンがセリフをしゃべる ▼ を受け取ったとき
  ドラゴンのHPが と ドラゴンのHP と で、騎士のHPが と 騎士のHP と のときのドラゴンのセリフ。 の答え と言う
```

●騎士のコード

```
騎士がセリフをしゃべる ▼ を受け取ったとき
  ドラゴンのHPが と ドラゴンのHP と で、騎士のHPが と 騎士のHP と のときの騎士のセリフ。 の答え と言う
```

●ステージのコード

```
スペース ▼ キーが押されたとき
ドラゴンのセリフを消す ▼ を送る
騎士のセリフを消す ▼ を送る
ダメージ ▼ を 1 から 20 までの乱数 にする
もし 1 から 2 までの乱数 = 1 なら
  騎士の攻撃 ▼ を送って待つ
  ドラゴンのHP ▼ を ドラゴンのHP - ダメージ にする
でなければ
  ドラゴンの攻撃 ▼ を送って待つ
  騎士のHP ▼ を 騎士のHP - ダメージ にする
ドラゴンがセリフをしゃべる ▼ を送る
騎士がセリフをしゃべる ▼ を送る
```

ドラゴンのHP 34
騎士のHP 58
「瀕死でも、まだまだ立ち向かえる力が残っている！」
「この一撃が決め手だ！覚悟しろ、邪竜！」

システムプロンプトには、「だれのセリフであるかは、これから送るプロンプトで指示します。」と書いてあるので、プロンプトで登場人物を増やす実験をしてみましょう。「ドラゴンの手下のゴブリン」「ゲームで遊んでる子供」のセリフも作ってくれるでしょうか。

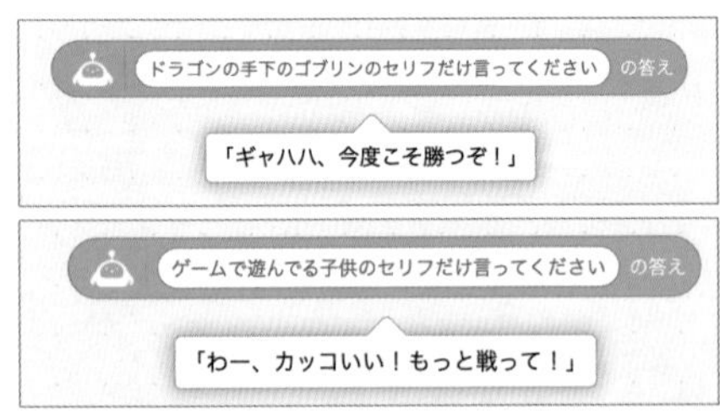

ドラゴンの手下のゴブリンのセリフだけ言ってください の答え
「ギャハハ、今度こそ勝つぞ！」
ゲームで遊んでる子供のセリフだけ言ってください の答え
「わー、カッコいい！もっと戦って！」

これはゲームだけでなく、他のプログラムでも使えそうですね。

ぜひ、システムプロンプトで役割をあたえ、プロンプトで指示を工夫して楽しい使い方を見つけてみてください。

6章

上級編

遺伝的アルゴリズムでネコの動きを進化させよう

ここまで作ってきたプログラムでは、機械が学習するための動作はScratchの拡張機能がやってくれていました。この章では、アルゴリズムそのものをScratchを使ってプログラムしていきます。機械学習とは、ある課題を解決するときに、人間がすべてプログラムを組んで指示を出すのではなく、機械、つまりコンピューターがみずから学習して解決方法を導き出す方法です。ここで紹介する「遺伝的アルゴリズム」も、そんな機械学習のひとつです。この章は少しむずかしいかもしれません。4章までを終え、さらに機械学習への理解を深めたいあなたは、ぜひチャレンジしてみてください。

この章で学ぶこと

いろいろなプロジェクト、どれも楽しかったわ！

それはよかった！ 機械学習の仕組みで、
世の中のいろいろなことが変わろうとしているよ。
自動車、お店のレジ、農業…、あらゆる産業のあらゆる場所で、
機械学習が生かされはじめているんだよ。

そうなんだね。ぼくたちも、大きくなったら
機械学習のエンジニアになれるかなぁ。

きっとなれるさ。少しだけチャレンジしてみるかい？

うん！やってみる！

ここまでは、学習させるための動作はScratchの拡張機能を
使ってきたよね。ここからは、機械に学習させるための動作を、
はじめから全部プログラミングしてみよう。

いま生きている生物たちは、大昔から長い年月をかけて、
生き残りやすい特徴を持ったものだけが生き残っていった…
と言われているよね。

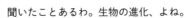

聞いたことあるわ。生物の進化、よね。

その「進化」と同じやり方で、学習をプログラムするんだ。

えーっ？それ、どういうこと？

ここでは、ネコをどんどん世代交代させて、
かしこく進化させていくよ。最初はうまく
ゴールのりんごまでたどり着けられないネコが、
だんだんとりんごに近づいていくよ。

OK！ よーい、どん！

本当だ、どんどん効率よくなっていく！

お父さんお母さんの遺伝子を受けついで、
失敗しないように速くたどりつくにはどうしたらいいかを、
子どもは学習していくんだ。それを何世代もくり返す。

そんな神様みたいなことが、プログラミングでできちゃうの？

今までよりちょっと難しいかもしれないけど、君たちなら大丈夫さ。

がんばってみる！

6-1 遺伝的アルゴリズムって何？

遺伝的アルゴリズムとは、102ページに登場した図の中で示すと以下のように、機械学習の中の深層学習とは別のアルゴリズムです。図の中で2つの円が重なっているのは、遺伝的アルゴリズムと深層学習の両方を利用する場合もあるからです。

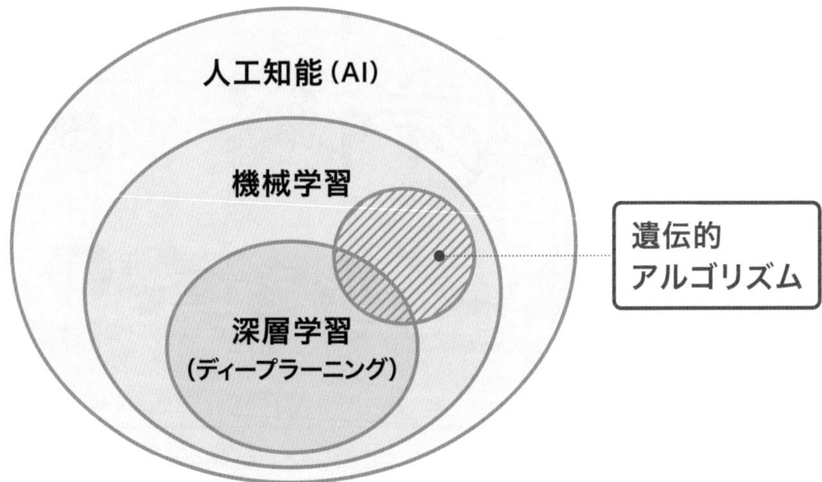

ある解決すべき問題があり、それを解くために生物の進化の考え方を取り入れたのが、遺伝的アルゴリズムです。

この章では、上下左右に動くことができるネコを、障害物をよけながらゴールであるりんごまでたどり着かせるという問題を設定して、これを解く遺伝的アルゴリズムを実装します。

まずは、遺伝的アルゴリズムの各要素を解説していきます。

ポイント

アルゴリズム

ある特定の問題を解いたり、課題を解決したりするための計算手順や処理手順のこと。（小学館『デジタル大辞泉』より）

6-2 遺伝的アルゴリズムの仕組み

この章で説明するプロジェクト*は、以下のページで公開しています。まずはどんな動きをするのか、実際に動かしてイメージをつかんでみてください。シフトキーを押しながら緑の旗をクリックして、「ターボモード」と呼ばれるScratchを高速で実行するモードでプログラムを実行してみてください。カメラの早回しのように、世代をどんどん進めて進化の様子を眺めることができます。

遺伝的アルゴリズムを使って障害物をよけるネコ
https://scratch.mit.edu/projects/407490233/

ポイント

「ターボモード」を使うと、繰り返し処理中の描画を省略します。うまく使えば、ペンを使ったアニメーションを高速で実行できます。

＊注：本章では、コードが簡潔になるように、自然淘汰や親選択などの部分で実際の遺伝的アルゴリズムをもとにした独自の方法を採用しています。

ゴールであるりんごに向かってネコを動かすのですが、そのひとつひとつの動きをアルファベット１文字で表します。上はUPの頭文字を取ってU、下はDOWNの頭文字D、右はRIGHTの頭文字R、そして左はLEFTの頭文字Lです。これら４つのアルファベットをつなげてネコの動きを表します。たとえば、DDDULDRDLURUであれば、ネコは下・下・下・上・左・下・右…(以降略)のように動くのです。

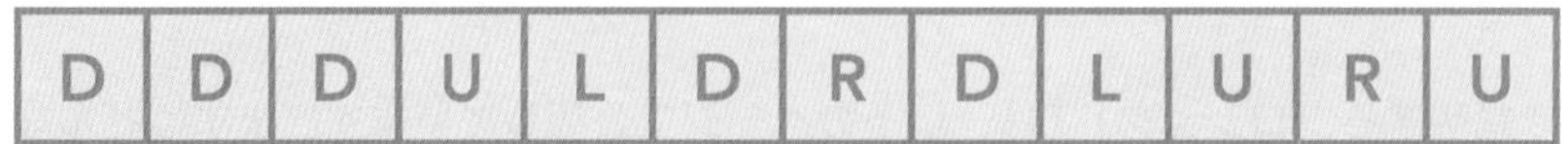

一方、遺伝子の本体であるDNAは、アデニン(A)とチミン(T)、グアニン(G)、シトシン(C)の４つの塩基が連なっている構造をしていることが知られています。たとえば、ATTAGCCGACCAという具合です。ネコの動きを表す文字列を遺伝子とみなし、生物の進化の考え方を取り入れてこの遺伝子を操作していくのが、遺伝的アルゴリズムです。

環境の変化などに対応できた種が生き残って、次の世代にその遺伝子を残すと考えられており、このことを「自然淘汰」、あるいは単に「淘汰」と呼びます。たとえば、草食動物も肉食動物もある程度脚が速くなるように進化してきたのは、脚が速いものだけが天敵から逃げのびることができた、あるいは獲物をつかまえることができて飢えないで済んだから、だと言えます。あるいは別の理由から、自分の体の色や形を変化させたり、硬い殻を持つように進化してきた生物もいたりする、という具合です。

この章の例では、りんごを食物とみなして、この食物にたどり着けた、あるいはより近くまで移動できたネコが生き残り、次の世代にその遺伝子を残せると考えます。

ネコが次の世代に遺伝子を残すとき、単に優れていた遺伝子の完全なコピーを残すのではなく、生物がそうなっているように、父親と母親の遺伝子の両方からそれぞれの一部を引きつぐようにします。また、それほどしょっちゅう起こらないのですが、突然変異で遺伝子の一部が全く違うものに変わってしまうという要素も取り入れています。

このようにして生物の進化の仕組みにならって、ネコを何世代にもわたって進化させていくと、そのうちにだんだんと獲物であるりんごに近づくことができるようになり、最後にはりんごにたどり着くことができるようになります。

ネコを上下左右にランダムに動かせば、そのうちりんごにたどり着くことはできます。ですが、その場合途方もない組み合わせを試す必要があり、とても長い時間がかかってしまいます。遺伝的アルゴリズムを使えば、ネコをりんごのもとにたどり着かせるという課題をもっと効率よく解決することができます。

6-3 ネコの遺伝子を作る

さてここから、実際にScratchを使って遺伝的アルゴリズムに基づく機械学習のプログラムを作成してみましょう。ちょっと長いプログラムになりますが、いっしょに作成にチャレンジしていきましょう。プログラムの全体像は190ページにありますので、こちらも参照してください。

このプログラムは機械学習のプロセスそのものをScratchで作っていくので、通常のScratchを使用していきます。以下のURLをブラウザで開き、新しいプロジェクト画面を開きます。

Scratch
https://scratch.mit.edu/

1 ネコのコスチュームを用意する

まず、コードをわかりやすくするために、下図のようにスプライトの名前を「スプライト1」から「ネコ」に変更します。

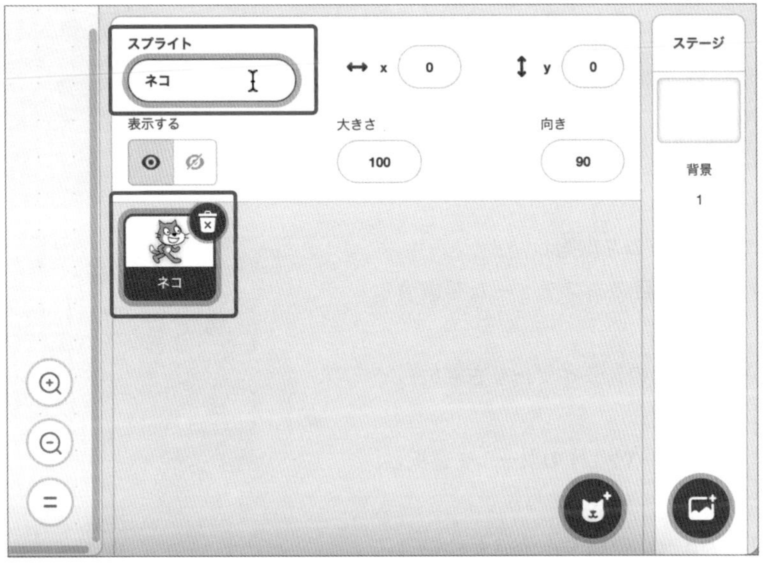

そして、ネコのコスチュームを2種類用意しましょう。左上の「コスチューム」タブを開いて、通常のスクラッチキャット（通常のネコ）と、障害物に当たったことがわかるように、赤くぬったネコ（衝突したネコ）を作ります。

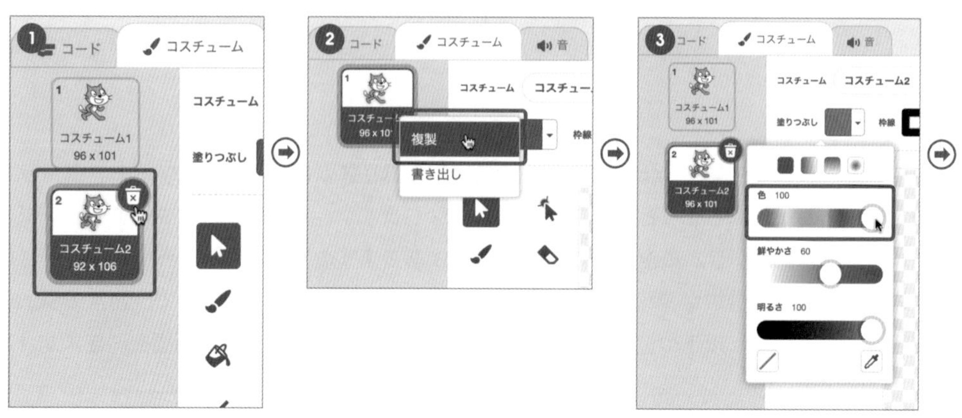

❶ 2つ目のコスチュームを削除し、
❷ 右クリックで1つ目のコスチュームを複製します。
❸「塗りつぶし」の色のスライダーを右端にして赤にします。
❹ 塗りつぶし（ペンキバケツ）のツールを選択し、
❺ オレンジ色のところを赤く塗ります。
❻ 左上のコスチュームの欄で、それぞれのコスチューム名を変更。

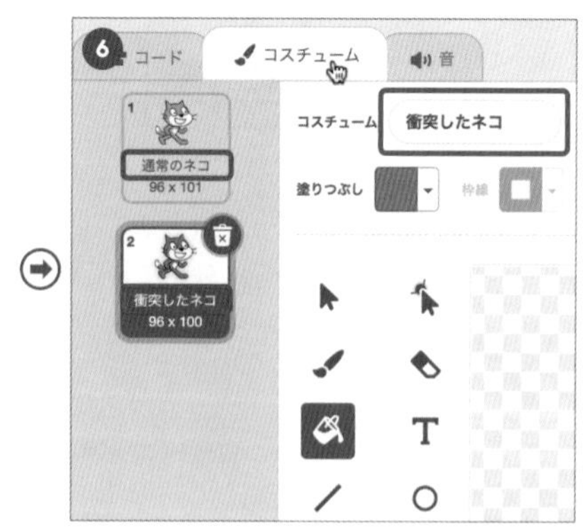

2 遺伝子を作る処理を行う

さっそく、「コード」のタブにもどり、メインのコード（ネコのコード）を作っていきます。このコードは、緑の旗をクリックしてプログラムをスタートすると、ネコのコスチュームや大きさ、そして各種変数を初期化したあと、「遺伝子を作る」処理を行います。

最初のコスチュームに「通常のネコ」を指定します。最初は隠(かく)した状態にしておき、あとでクローンを作ったときに表示します。大きさは20%に指定しています。

●メインのコード（ネコのコード）

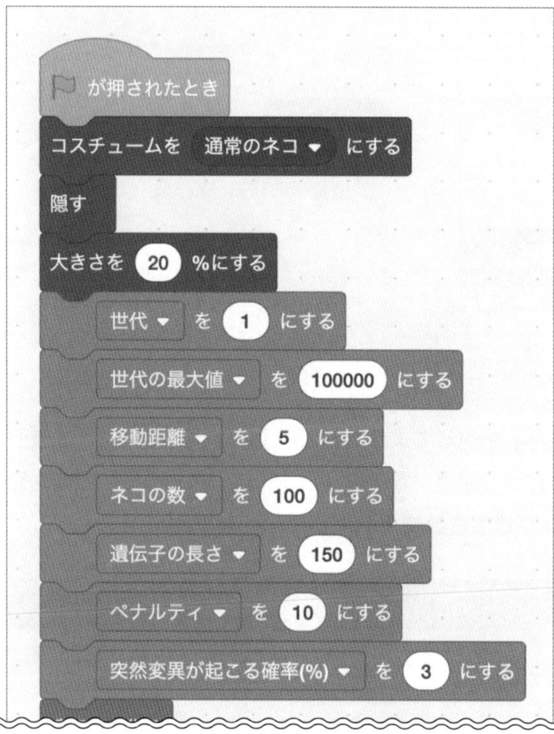

使用ブロック

- イベント→旗が押されたとき
- 見た目→コスチュームを「通常のネコ」にする
- 見た目→隠す
- 見た目→大きさを「100」%にする
- 変数→変数を作る→「世代」「世代の最大値」「移動距離」「ネコの数」「遺伝子の長さ」「ペナルティ」「突然変異が起こる確率（%）」を作成（「すべてのスプライト用」を選択）
- 変数→「……」を「0」にする

ポイント

変数を作成し、変数の初期値(しょきち)を設定する際に、日本語入力と半角数字の切り替えに気をつけましょう。Scratchのブロックに日本語入力のままで数字（全角数字）を入力してしまうと、0として扱われてしまうので注意が必要です。

ここでは「世代」「世代の最大値(さいだいち)」「移動距離」「ネコの数」「遺伝子の長さ」「ペナルティ」「突然変異が起こる確率（%）」の7つの変数を作成しました。ここで作る変数はすべて「すべてのスプライト用」としてください。もし、変数のタイプを間違ってしまった場合は、右クリックで削除をしてもう一度作り直してください。

「世代」は現在の世代を表しており、最初は1です。「世代の最大値」には何世代目までプログラムを実行するかを設定します。

「移動距離」はネコが一度に移動する距離です。「ネコの数」は1世代あたりに登場するネコの数です。「遺伝子の長さ」は文字通り遺伝子の長さです。これが長いほど1世代あたりにネコが移動できる総距離が長くなります。

「ペナルティ」はネコが障害物に当たったときに受けるペナルティで、りんごからの距離を計算するときに、ここで設定された値(あたい)が加算(かさん)されます。つまり、ネコは障害物にぶつからないでりんごに向かったほうが有利となります。

「突然変異が起こる確率(%)」には、突然変異が起こる確率をパーセンテージで設定します。ここでは3を設定しているので、3%となります。

3 「遺伝子を作る」ブロックを作る

●メインのコード(ネコのコード)

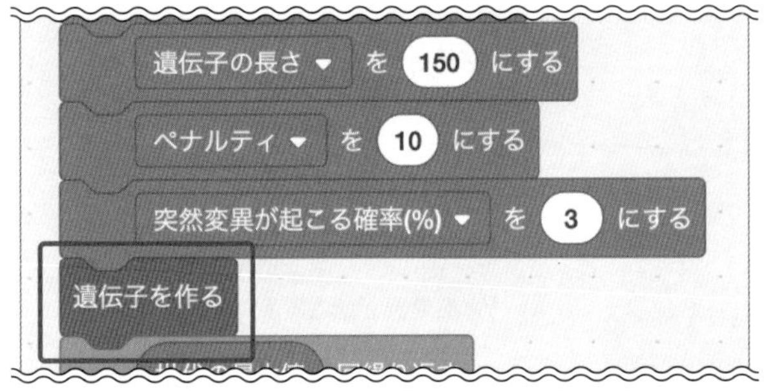

使用ブロック

●ブロック定義→ブロックを作る→「遺伝子を作る」を作成

ある程度まとまった処理は、「ブロック定義」を使ってまとめると見やすくなります。「遺伝子を作る」というブロックを作成します。「ブロック定義」カテゴリの「ブロックを作る」ボタンを押して、ブロック名を設定すると、ブロックが追加され使えるようになります。

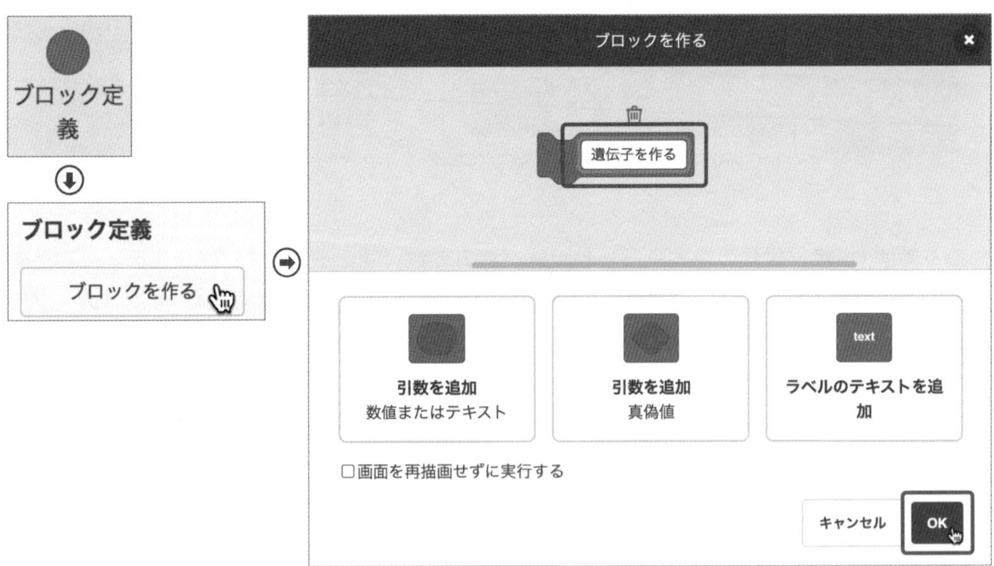

新たに作る「遺伝子を作る」ブロックの中身は、以下の通りです。

●メインのコード（ネコのコード）－「遺伝子を作る」の定義

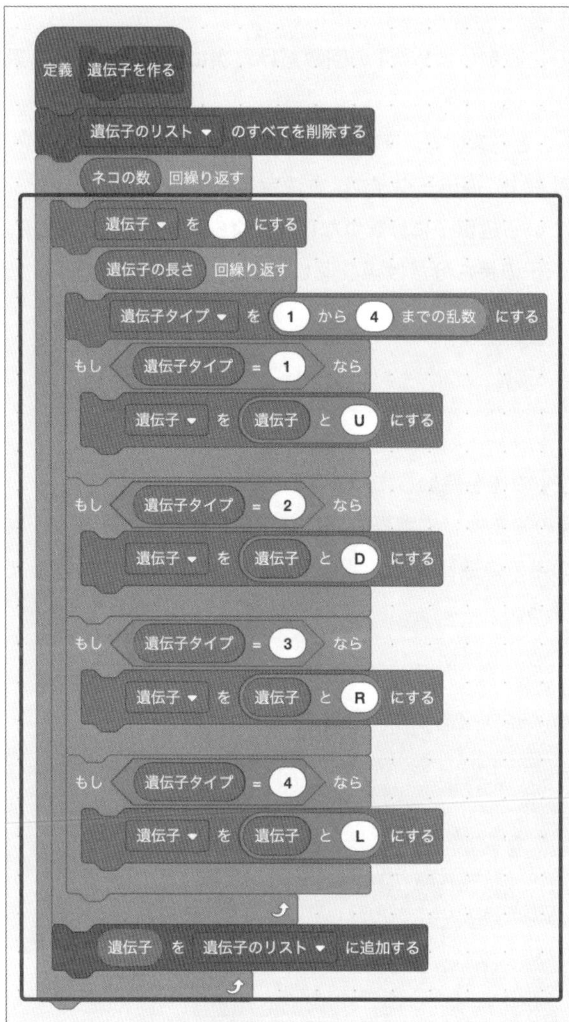

使用ブロック

- 変数→リストを作る→「遺伝子のリスト」を作成（「すべてのスプライト用」を選択）
- 変数→変数を作る→「遺伝子タイプ」「遺伝子」を作成（「このスプライトのみ」を選択）
- 変数→「遺伝子のリスト」のすべてを削除する
- 制御→「10」回繰り返す
- 変数→「ネコの数」「遺伝子」「遺伝子の長さ」「遺伝子タイプ」
- 変数→「…」を「0」にする
- 演算→「1」から「10」までの乱数
- 制御→もし「…」なら
- 演算→「…」＝「50」
- 演算→「りんご」と「バナナ」
- 変数→「なにか」を「遺伝子のリスト」に追加する

ポイント

同じブロック群をもう一度使いたい場合は、右クリックメニューで「複製」を選ぶか、コードエリアで選択しながらコピー（Ctrl+C）&ペースト（Ctrl+V）できます。

ここでは新しく「遺伝子のリスト」というリストを作成し、ネコの数（初期値は**2**で100に設定しました）分の遺伝子をリストに追加します（このプログラムに登場するリストはすべて「すべてのスプライト用」で作成します）。

最初に「遺伝子のリスト」のすべてを削除し、ネコの数、つまり100回、遺伝子を作る処理（コードの中のわくで囲んだ部分）を繰り返します。

わくで囲んだ部分の処理を見ていきましょう。

「遺伝子」「遺伝子タイプ」という2つの変数を新たに作成しています（「このスプライトのみ」で作成）。「遺伝子」という変数にネコ1ぴき分の遺伝子をセットします。最初に「遺伝子」に空文字（null）をセットし、何も入っていない状態にします。「遺伝子を（0）にする」ブロックの「0」の部分をマウスで選択し、削除してください。

遺伝子の長さ（初期値は6-3の**2**で150に設定しました）の回数だけ、次に続く処理を繰り返します。

遺伝子のタイプは4種類、上に移動することを表すU、下に移動を表すD、右に移動を表すR、左に移動を表すLがあり、1から4までの乱数で「遺伝子タイプ」を決定します。

そしてもし1なら変数「遺伝子」に入っている遺伝子にUをつなげ、2なら同様にD、3ならR、4ならLというように、つなげる処理を遺伝子の長さ分だけ繰り返します。

最後に「遺伝子のリスト」に変数「遺伝子」の値を追加しています。

ここまで作ることができたら、試しに緑の旗を押して実際にプログラムを実行してみると、以下のように遺伝子のリストに100ぴき分のネコの遺伝子（U、D、R、Lをランダムにつなげた文字列）がセットされるのを確認できるでしょう。

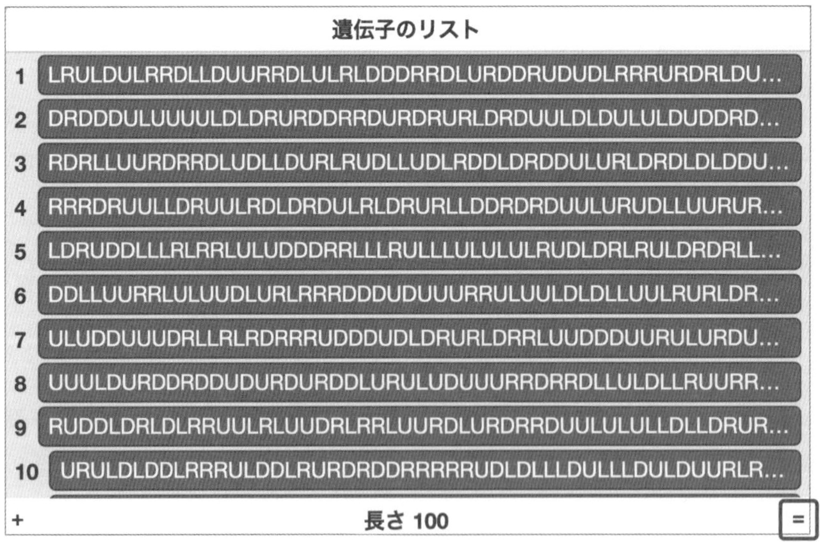

リストのパネルは右下の「＝」の部分をドラッグするとサイズが変えられます

次の「6-4　ネコを動かす」では、ここで作成された遺伝子の指定通りにネコを動かす処理を作っていきます。

6-4 ネコを動かす

ここからは、遺伝子を作ったあとの処理を行うコードを作ります。6-4では、以下の図のわくで示した部分を説明します。

●メインのコード（ネコのコード）

6-3（154ページ）のコードから続く

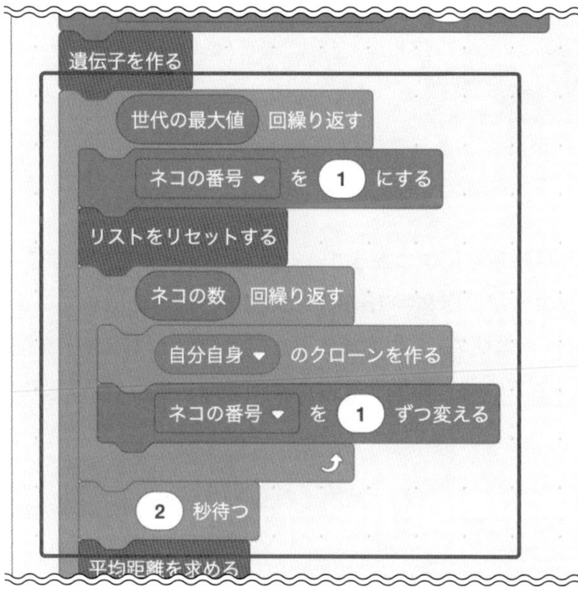

使用ブロック

- 制御→「10」回繰り返す
- 変数→変数を作る→「ネコの番号」を作成（「このスプライトのみ」を選択）
- 変数→「世代の最大値」「ネコの数」
- 変数→「…」を「0」にする
- ブロック定義→ブロックを作る→「リストをリセットする」を作成
- 制御→「自分自身」のクローンを作る
- 変数→「ネコの番号」を「1」ずつ変える
- 制御→「1」秒待つ

「世代の最大値」に設定した値（初期値は6-3の**2**で100000に設定しました）まで、以降の処理を実質（じっしつ）、半永久的（はんえいきゅうてき）に繰り返します。

100ぴきのネコそれぞれを区別するため、変数「ネコの番号」を作り、1から100の「ネコの番号」を割り当てます。各ネコにつけられた背番号（せばんごう）のようなものとイメージしてください。この変数は、作成するときに「このスプライトのみ」と設定してください。

ここでは「距離のリスト」「障害物にぶつかっているか？」という2つのリストを新たに作成し（どちらも、「すべてのスプライト用」で作成します）、新たに作成するブロック「リストをリセットする」で、この2つのリストをリセットしています。「リストをリセットする」の中身は、以下の通りです。

●メインのコード（ネコのコード）－「リストをリセットする」の定義

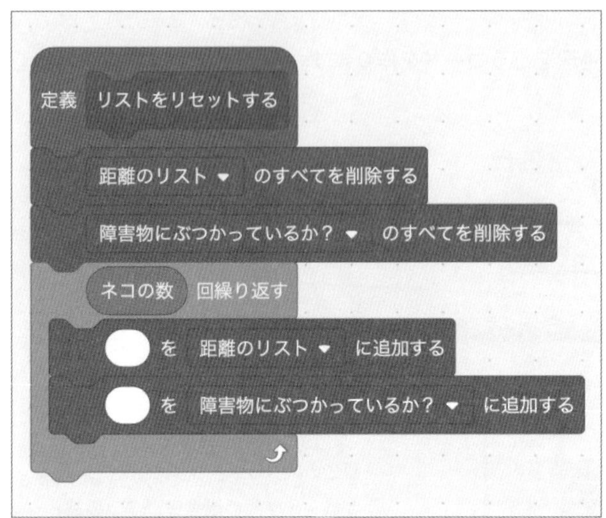

使用ブロック

- ●変数→リストを作る→「距離のリスト」「障害物にぶつかっているか?」を作成（「すべてのスプライト用」を選択）
- ●変数→「距離のリスト」のすべてを削除する
- ●制御→「10」回繰り返す
- ●変数→「ネコの数」
- ●変数→「なにか」を「距離のリスト」に追加する

「『距離のリスト』のすべてを削除する」と「『障害物にぶつかっているか?』のすべてを削除する」でリストの中身を削除したあと、ネコの数の分だけ空文字（null）で両方のリストを埋めています。使用するブロックは「『なにか』を『〜〜〜のリスト』に追加する」ブロックの「なにか」を削除しています。これで両方のリストとも、ネコの数、つまり100個空の値が入ったリストとしてリセットされました。

ポイント

変数やリストを作ると、変数モニタ、リストモニタなどがステージの上に表示されます。試しに動かすまでは動作確認に必要ですが、うまく動いていることを確認できれば非表示にしても構いません。ブロックパレットの変数や、リストのブロックの左隣のチェックマークをクリックして外しましょう。

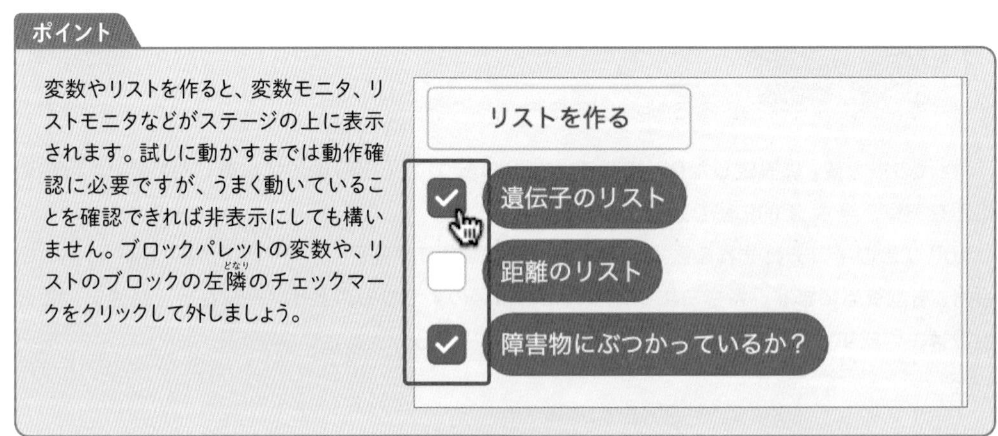

1 自分自身のクローンを作る

もう一度メインのコードを見てみましょう。「リストをリセットする」のあとは、ネコの数の分だけ「『自分自身』のクローンを作る」でクローンを作っています。このとき、「ネコの番号」を1ずつ変えています。以下のわくの中の部分です。

●メインのコード（ネコのコード）

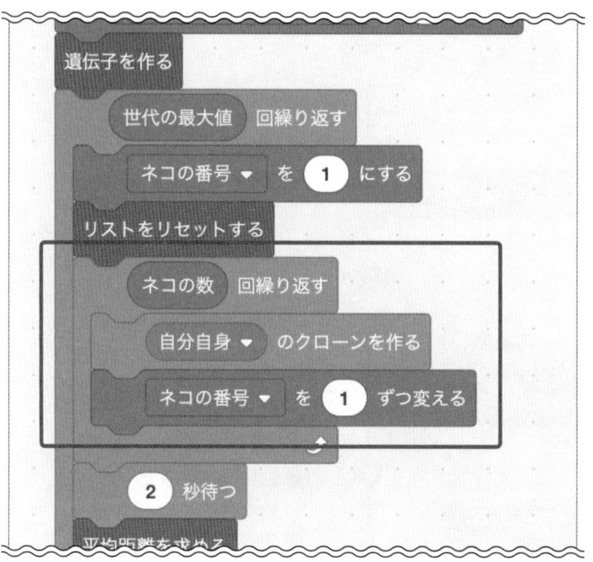

ネコがクローンされたとき、隠(かく)していたネコを表示し、ネコを動かす処理と、りんごからの距離を計測する処理を行うため、ブロック定義から「ネコを動かす」「りんごからの距離を計測する」ブロックを作成して組み立てましょう。最初に、遺伝子の指定通りにネコを動かすための「ネコを動かす」ブロックについて見てみましょう。

●クローンされたときのコード（ネコのコード）

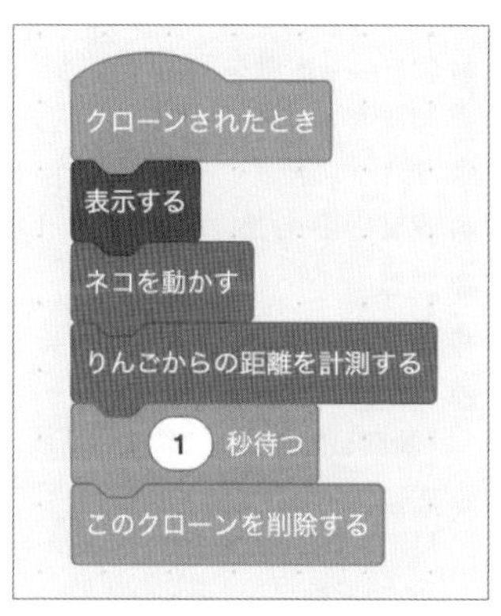

使用ブロック

- 制御→クローンされたとき
- 見た目→表示する
- ブロック定義→ブロックを作る→「ネコを動かす」「りんごからの距離を計測する」を作成
- 制御→「1」秒待つ
- 制御→このクローンを削除する

2「ネコを動かす」ブロックの定義

新しく定義する「ネコを動かす」ブロックの処理を見ていきます。この部分はやや長いので、少しずつ分けて解説していきます。

●クローンされたときのコード（ネコのコード）－「ネコを動かす」の定義 その1

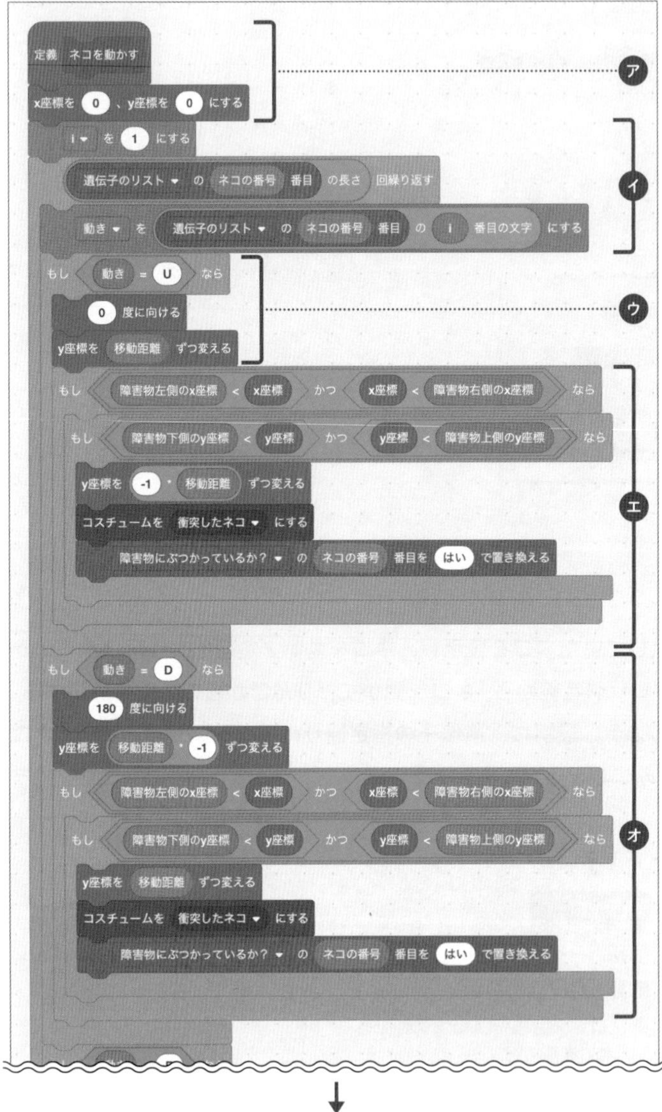

その2（163ページ）に続く

使用ブロック

- 変数→変数を作る→「i」「動き」を作成（「このスプライトのみ」を選択）
- 変数→変数を作る→「障害物左側のx座標」「障害物右側のx座標」「障害物下側のy座標」「障害物上側のy座標」を作成（「すべてのスプライト用」を選択）
- 変数→「ネコの番号」「i」「動き」「移動距離」「障害物左側のx座標」「障害物右側のx座標」「障害物下側のy座標」「障害物上側のy座標」
- 動き→x座標を「…」y座標を「…」にする
- 変数→「…」を「0」にする
- 制御→「10」回繰り返す
- 演算→「りんご」の長さ
- 変数→「遺伝子のリスト」の「…」番目
- 演算→「りんご」の「1」番目の文字
- 制御→もし「…」なら
- 演算→「…」＝「50」
- 動き→「90」度に向ける
- 動き→y座標を「10」ずつ変える
- 動き→x座標
- 動き→y座標
- 演算→「…」かつ「…」
- 演算→「…」＜「50」
- 演算→「…」*「…」
- 見た目→コスチュームを「衝突したネコ」にする
- 変数→「障害物にぶつかっているか？」の「1」番目を「なにか」で置き換える

最初に「x座標を0、y座標を0にする」で、クローンされたネコをステージの中心に移動させ、そこからスタートさせます。

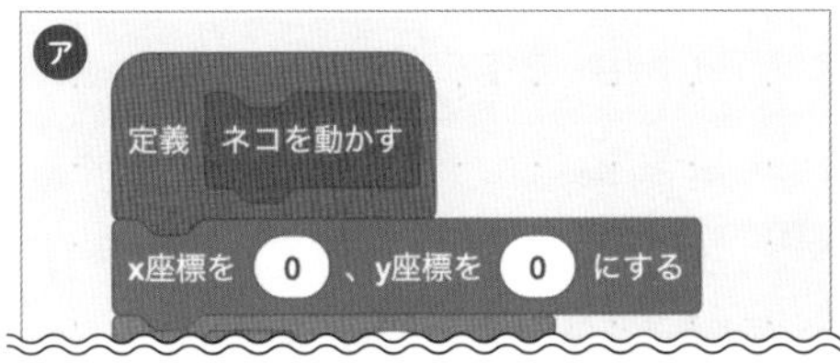

次のこの部分は、少しややこしいです。

イ
i を 1 にする
遺伝子のリスト の ネコの番号 番目 の長さ 回繰り返す
動き を 遺伝子のリスト の ネコの番号 番目 の i 番目の文字 にする

まず変数「i」を「このスプライトのみ」で用意して、1をセットしています。繰り返しの中で1ずつ増やしていく変数には「i」という名前を付けるのが、プログラミングの世界でのならわしです。

次に「遺伝子のリスト」の「ネコの番号」番目の遺伝子に注目しています。これは、たったいまクローンされたばかりのネコの遺伝子にあたります。

次の繰り返しのブロックの中では、クローンされたばかりのネコの遺伝子のDUUDRLU……といった文字列を、最初から1文字ずつ順番に「動き」という変数の中に入れています。

繰り返す回数は『「遺伝子のリスト」の「ネコの番号」番目の遺伝子の長さ』です。繰り返しのブロックの中の最後でiを1ずつ変えている（163ページの「ネコを動かす」の定義 その2で解説）ので、iは1、2、3……のように1ずつ増えます。遺伝子のi番目の文字を入れることで、遺伝子の文字列が順番に「動き」に入るのです。変数「動き」は「このスプライトのみ」で作成します。

では、続きを見ていきましょう。「動き」がUならば、ネコを上に動かします。「0度に向ける」、つまりネコを上に向けて、「移動距離」だけy座標を変えています。

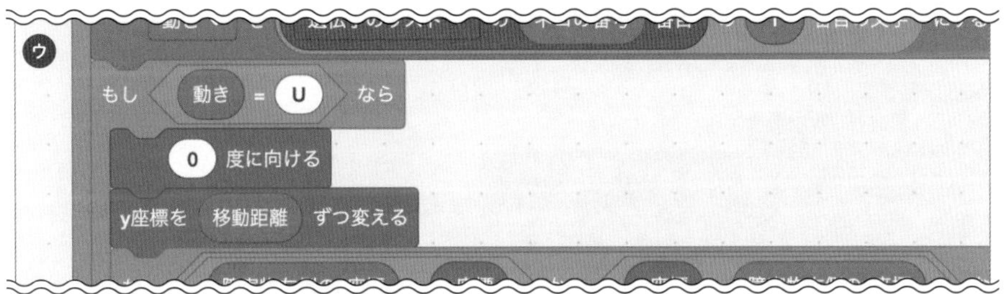

3 で説明する障害物の上下のy座標および左右のx座標が入っている変数を利用し、ネコが障害物に衝突したら、逆方向に移動させることでそれ以上障害物に侵入できないようにしています（以下のわくで囲んだ部分）。変数「障害物の右側のｘ座標」「障害物の左側のｘ座標」「障害物の上側のｙ座標」「障害物の下側のｙ座標」を、「すべてのスプライト用」で作ります。

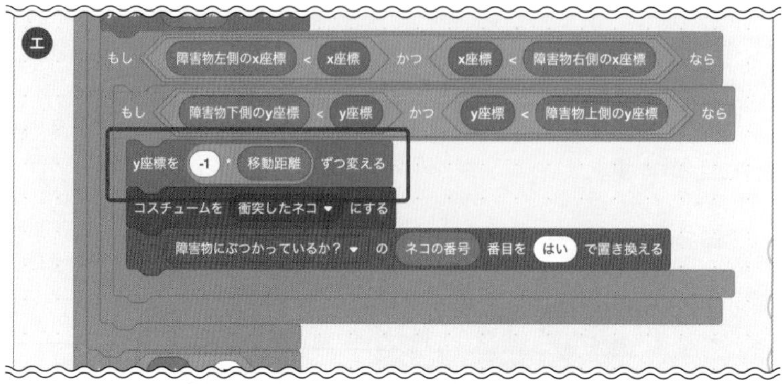

また、衝突したネコのコスチュームを「衝突したネコ」（赤色のネコ）に変えることで、どのネコが障害物に衝突したかがわかるようにしています。

そして障害物に衝突したネコには、あとでりんごからの距離を計算するときにペナルティが加算されるので、「障害物にぶつかっているか？」リストの「ネコの番号」番目に「はい」をセットして、どのネコが衝突したかがわかるようにしています。

以上が、「動き」がUの場合の処理です。次に「動き」がDの場合、つまりネコを下に動かすときの処理を作ります。方向が逆になるだけで、やっていることはネコを上に動かすときとほぼいっしょですので、「もし『動き』＝ U なら」で囲まれたブロック全体を複製し、異なる部分だけを変更すると少し作業が楽になります。

下の図とよく見比べて、間違いがないようにブロックを作っていきましょう。

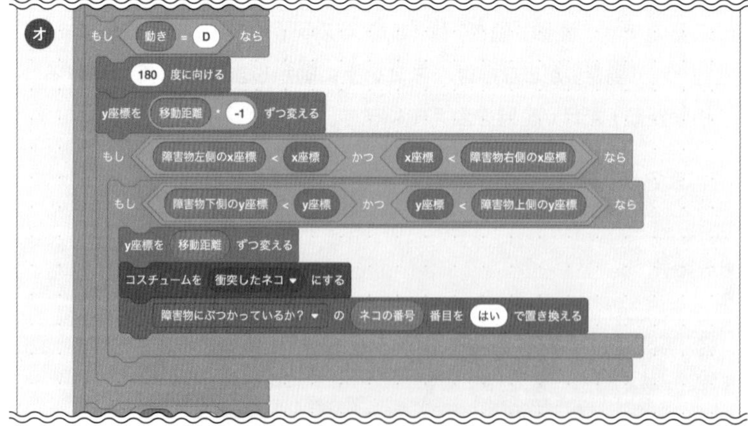

続いて、「動き」がRとLの場合ですが、ネコを動かす向きが横方向になるため、y座標でなくx座標を変化させます。それ以外はU、Dのときとほぼいっしょです。

●クローンされたときのコード（ネコのコード）－「ネコを動かす」の定義 その2

使用ブロック

- 変数→「ネコの番号」「i」「動き」「移動距離」「障害物左側のx座標」「障害物右側のx座標」「障害物下側のy座標」「障害物上側のy座標」
- 制御→もし「…」なら
- 演算→「…」=「50」
- 動き→「90」度に向ける
- 動き→x座標を「10」ずつ変える
- 動き→x座標
- 動き→y座標
- 演算→「…」かつ「…」
- 演算→「…」<「50」
- 演算→「…」*「…」
- 見た目→コスチュームを「衝突したネコ」にする
- 変数→「障害物にぶつかっているか？」の「1」番目を「なにか」で置き換える
- 変数→「i」を「1」ずつ変える

前に述べたように繰り返しの最後ではiを1変化させ、最初にもどって遺伝子の次の文字を読み取り、ネコの次の動作を決めます。

こうして、遺伝子の最初から最後まで読み取り、各クローンに遺伝子が示す通りの一連（いちれん）の動きをさせます。

3 障害物のコードを作る

2の途中に出てきた「障害物」のコードを解説します。障害物を描くために、新たなスプライトを作成します。ペンで線を引くためのスプライトなので、コスチュームは何も描かなくても構いません（次のページの「コスチュームなしのスプライトの設定のしかた」を参照）。スプライトの名前は「障害物」に変えておきましょう。

「ペン」のブロックは、左下の「拡張機能を追加」をクリックして、「ペン」拡張機能を追加すると利用できます。ペンの色は何でも構いません。ここではオレンジ色を選んでいます。

●障害物のコード

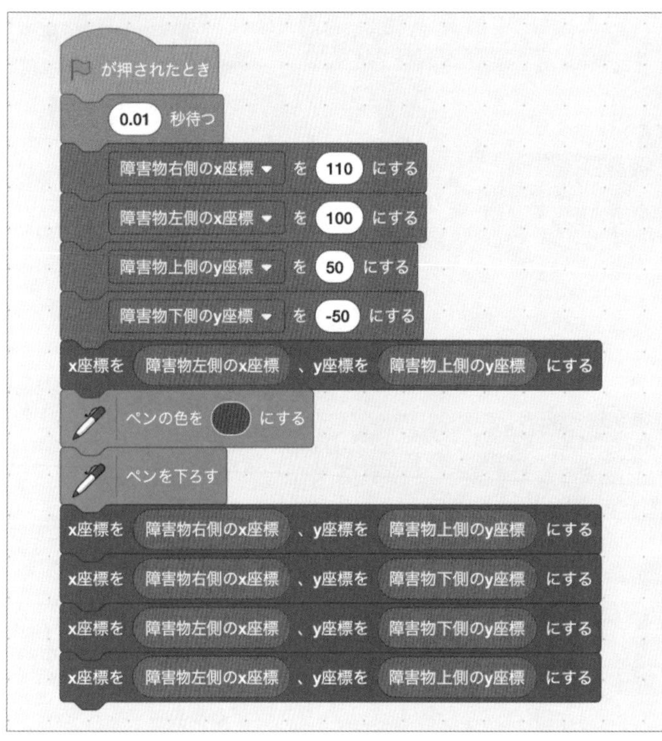

使用ブロック

- イベント→旗が押されたとき
- 制御→「1」秒待つ
- 変数→「…」を「0」にする
- 動き→
  x座標を「…」、
  y座標を「…」にする
- 変数→
  「障害物左側のx座標」
  「障害物上側のy座標」
  「障害物右側のx座標」
  「障害物下側のy座標」
- ペン→
  ペンの色を「…」にする
- ペン→ペンを下ろす

緑の旗がクリックされ、コードが開始されたら、障害物の上下左右の座標をそれぞれの変数にセットし、オレンジ色のペンで四隅（よすみ）を直線でつなげて、縦長の長方形の障害物をステージ上に描いています。ステージ上では、右のようになります。ランダムにネコが動き回り、障害物に当たったネコが赤色に変わっていればOKです。ネコの動きがおかしい場合は、2のコードを見直しましょう。

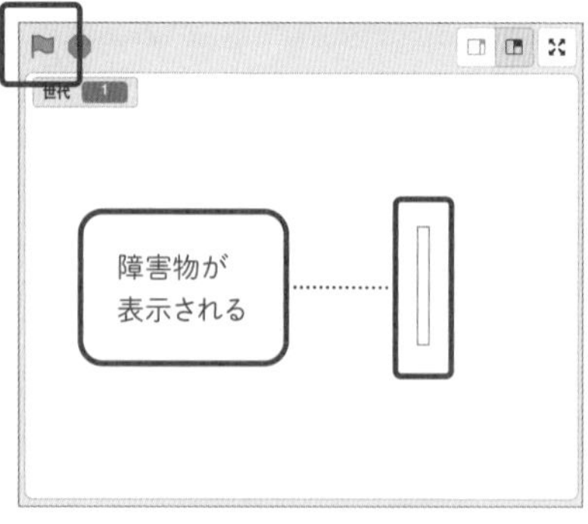

▶コスチュームなしのスプライトの設定のしかた

右下のメニューからスプライトを「描く」を選択します。

「コスチューム」のタブで何も描かずに、「コード」のタブでブロックを組み立て始めればOKです。

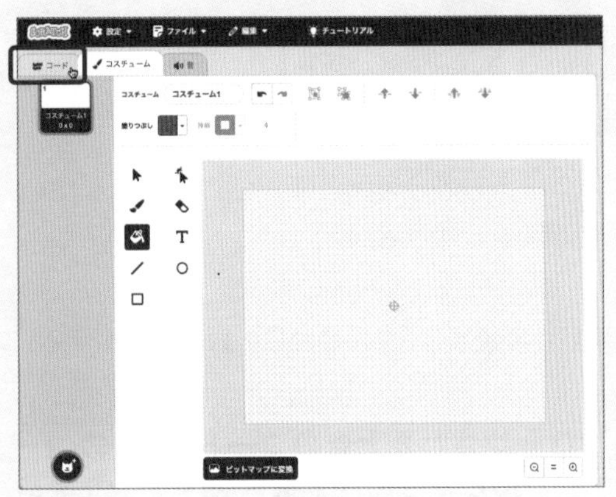

4 りんごからの距離を計測する

りんごのスプライトを新たに作り、りんごを表示するコードを作成しましょう。「スプライトを選ぶ」から「Apple」のスプライトを選んでください。スプライトの名前を「りんご」に変更しておきます。

緑の旗が押されたら、x座標220、y座標0にりんごを配置し、大きさを30%にしています。

●りんごのコード

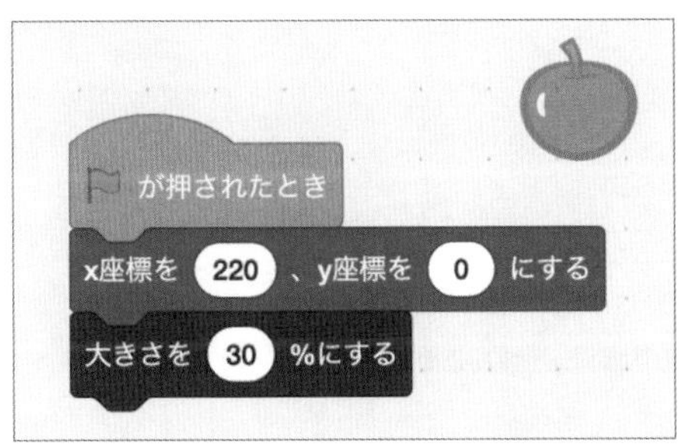

使用ブロック

- イベント→旗が押されたとき
- 動き→x座標を「…」、y座標を「…」にする
- 見た目→大きさを「100」%にする

ネコが動き終わったら、りんごからの距離を計測します。りんごからの距離を調べることで、ネコがどのくらい目的を達成できたか（適合度）がわかるのです（くわしくは168ページ）。「クローンされたとき」のブロックに続く以下の部分です。

●クローンされたときのコード（ネコのコード）

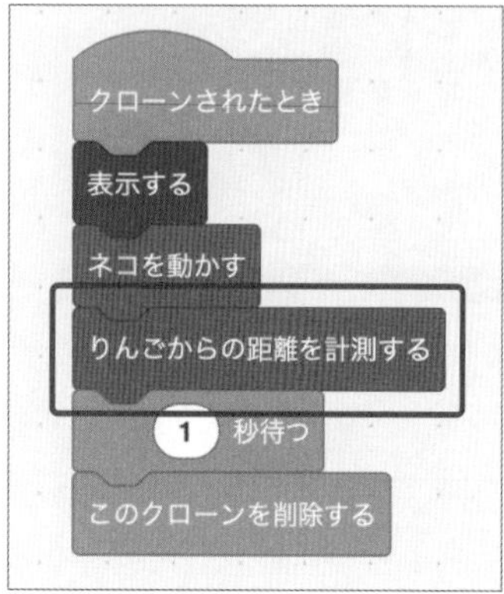

新しく定義する「りんごからの距離を計測する」ブロックの中身は、以下の通りです。

●クローンされたときのコード（ネコのコード）－「りんごからの距離を計測する」の定義

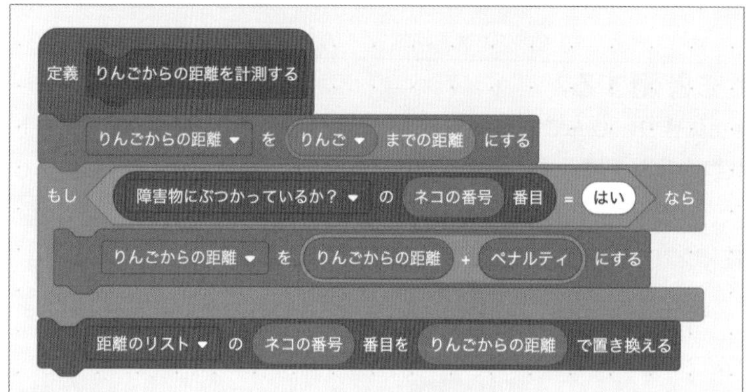

使用ブロック

- 変数→変数を作る→「りんごからの距離」を作成（「このスプライトのみ」を選択）
- 変数→「…」を「0」にする
- 調べる→「マウスのポインター」までの 距離
- 制御→もし「…」なら
- 演算→「…」＝「50」
- 変数→「障害物にぶつかっているか?」の「1」番目
- 演算→「…」＋「…」
- 変数→「ネコの番号」「りんごからの距離」「ペナルティ」
- 変数→「距離のリスト」の「1」番目を「なにか」で置き換える

「調べる」カテゴリにある「『りんご』までの距離」ブロックで、「りんご」スプライトまでの距離が得られるので、これを変数「りんごからの距離」に入れます。変数「りんごからの距離」を「このスプライトのみ」で作成してください。

もしネコが障害物にぶつかっていた場合は、りんごからの距離に「ペナルティ」に設定した値（初期値は6-3の2で10に設定しました）を加えています。ネコが障害物にぶつかっているかどうかは、「障害物にぶつかっているか？」のリストの「ネコの番号」番目に「はい」がセットされているかどうかでわかります。

そして、「距離のリスト」の「ネコの番号」番目に、「りんごからの距離」の値を入れています。

緑の旗をクリックして実行してみましょう。動き終わったそれぞれのネコのりんごからの距離が「距離のリスト」にどんどん入っていきます。

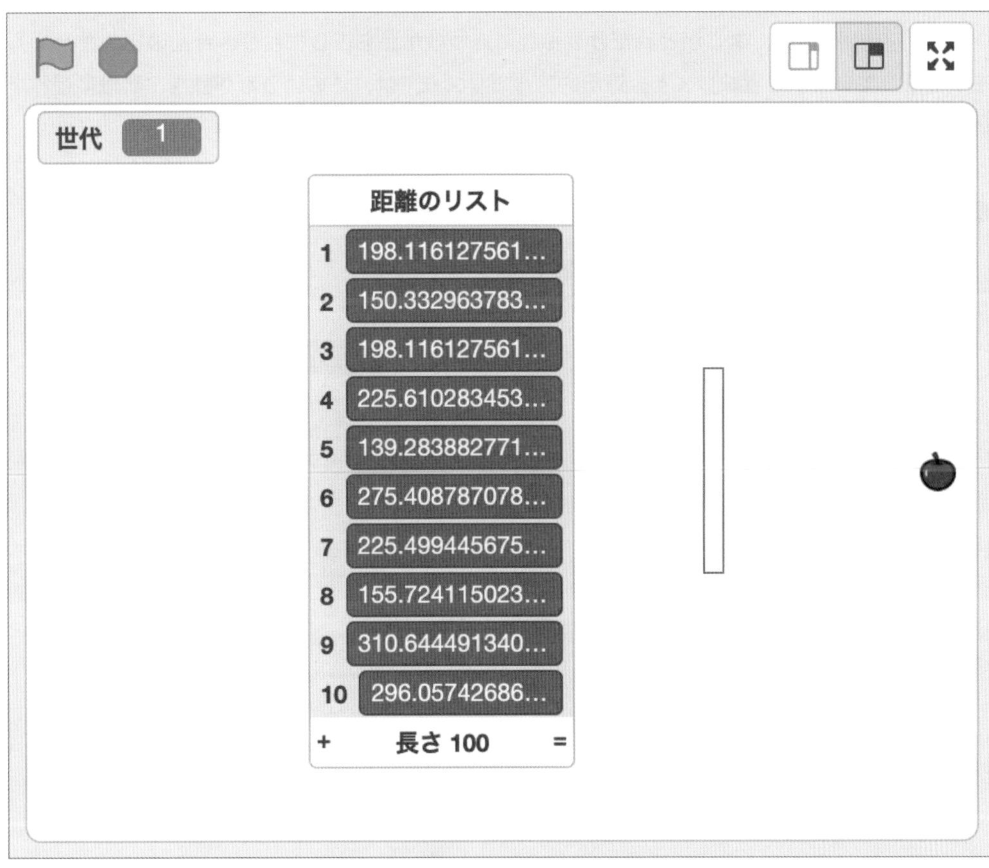

6-5 動き終わったあとのネコ全体の平均距離を求める

メインの処理にもどります。

1世代あたりのネコ100ぴきのクローンがすべて動き終わり、「距離のリスト」がすべて埋(う)まるには少し時間がかかるので、念のために2秒待ったあと、ネコ全体のりんごからの距離の平均を求めます。

この「平均距離」は、ネコがどれだけりんごに近づけたかを表しており、今回の目的をどれくらい達成しているかを意味します。遺伝的アルゴリズムでは、このような指標を、環境にどれだけ適合しているかという意味で「適合度」と呼びます。

●メインのコード(ネコのコード)

6-4(157ページ)のコードから続く

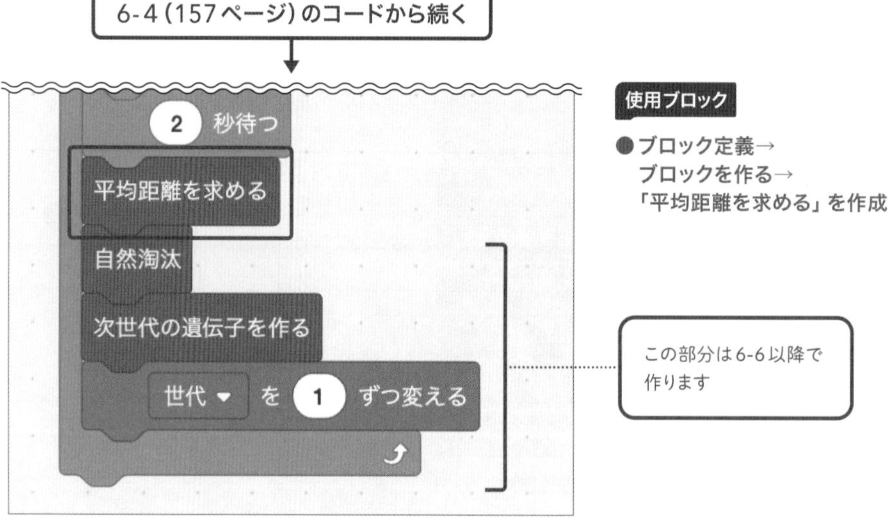

使用ブロック

●ブロック定義→ブロックを作る→「平均距離を求める」を作成

この部分は6-6以降で作ります

新しく定義する「平均距離を求める」ブロックの中身は、以下の通りです。

●メインのコード（ネコのコード）－「平均距離を求める」の定義

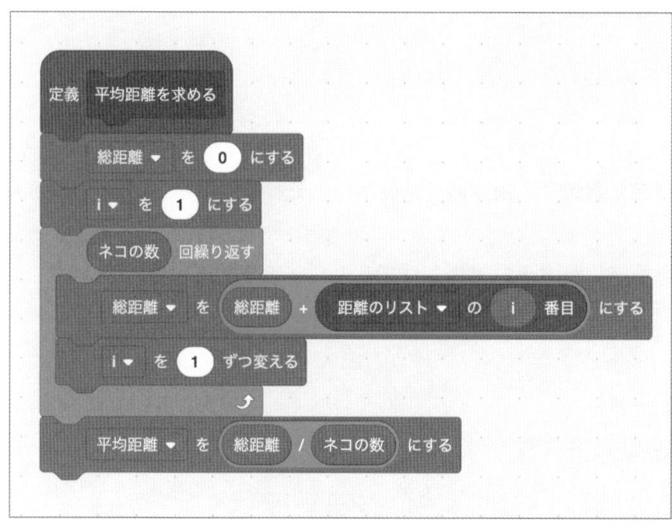

使用ブロック

- ●変数→変数を作る→「総距離」「平均距離」を作成（「すべてのスプライト用」を選択）
- ●変数→「…」を「0」にする
- ●変数→「総距離」「i」「ネコの数」
- ●制御→「10」回繰り返す
- ●演算→「…」＋「…」
- ●変数→「距離のリスト」の「1」番目
- ●変数→「i」を「1」ずつ変える
- ●演算→「…」/「…」

ここで新しく作る変数は「総距離」と「平均距離」です。どちらも「すべてのスプライト用」で作成してください。変数「総距離」に最初に0をセットしておいて、iを1からネコの数の100まで変えていきながら、「距離のリスト」から次々と、6-4の4で求めたりんごからのネコの距離を取り出して加えていきます。iは161ページで作ったものを再利用しています。「ネコを動かす」が終わってから「平均距離を求める」が実行されるので同じ変数を使っても大丈夫なのです。最後に「総距離」を「ネコの数」で割って、その世代の平均距離を求め、変数「平均距離」にセットしています。

緑の旗をクリックして、ここまでのプログラムを実行してみましょう。変数の「総距離」と「平均距離」のチェックボックスにチェックを入れて、これらの値をステージ上に表示します。「総距離」が約23,000くらい、「平均距離」が約230くらいであることを確認してください。

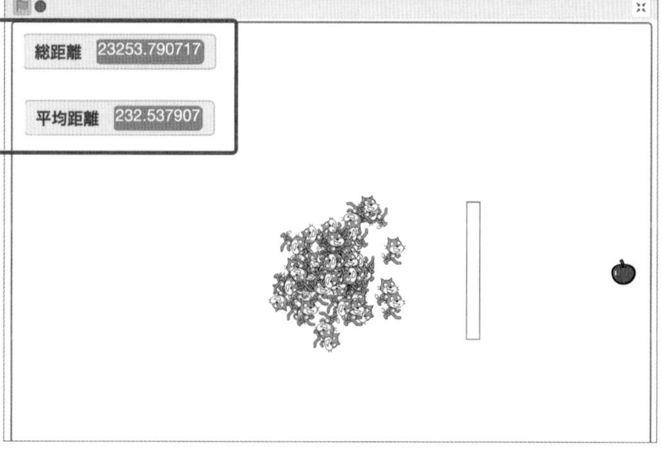

6-6 自然淘汰を起こす

これまで、1世代のネコ100ぴきを遺伝子の指定通りに動かし、それぞれのりんごからの距離を求め、平均距離も求めました。

いよいよこれから、生物の進化を模した遺伝的アルゴリズムらしい処理を行っていきます。

まずは「自然淘汰」です。

●メインのコード(ネコのコード)

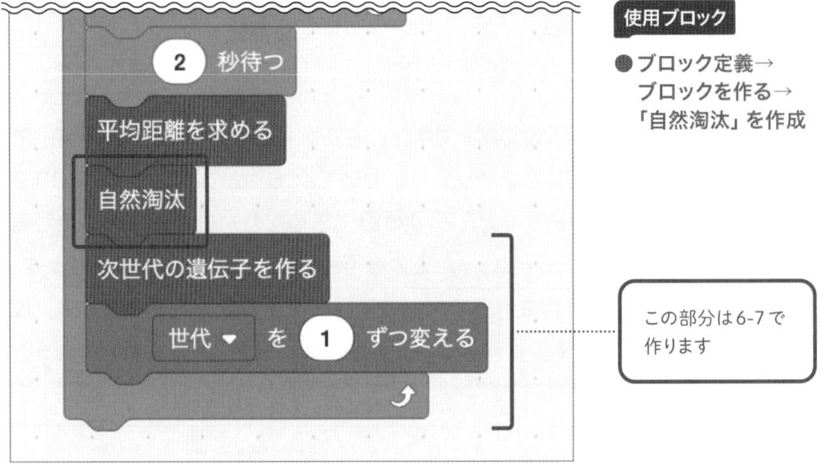

使用ブロック

●ブロック定義→ブロックを作る→「自然淘汰」を作成

新しく定義する「自然淘汰」ブロックの中身は、以下の通りです。

●メインのコード（ネコのコード）－「自然淘汰」の定義

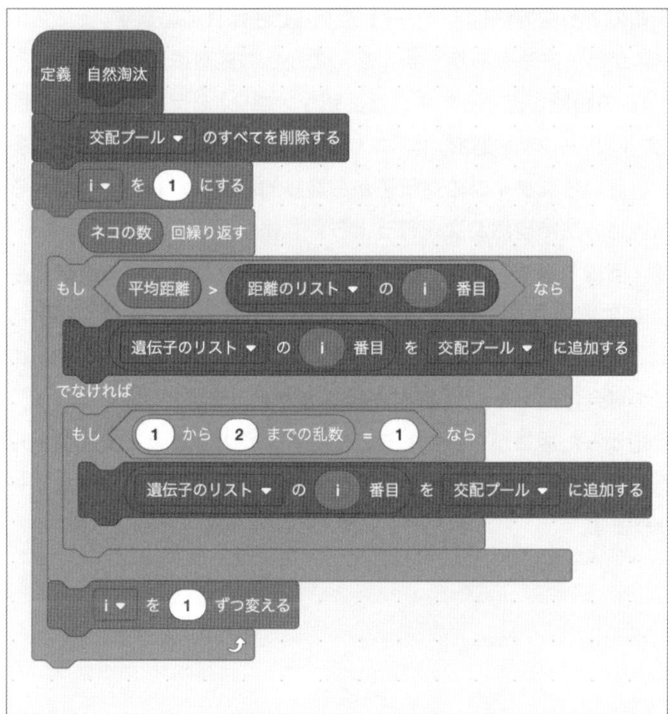

使用ブロック

- 変数→リストを作る→「交配プール」を作成（「すべてのスプライト用」を選択）
- 変数→「交配プール」のすべてを削除する
- 変数→「…」を「0」にする
- 制御→「10」回繰り返す
- 変数→「ネコの数」「平均距離」「i」
- 制御→もし「…」なら／でなければ
- 演算→「…」＞「50」
- 変数→「距離のリスト」の「1」番目
- 変数→「なにか」を「交配プール」に追加する
- 制御→もし「…」なら
- 演算→「…」＝「50」
- 演算→「1」から「10」までの乱数
- 変数→「i」を「1」ずつ変える

次の世代の遺伝子を作るときに、その父親と母親の候補となる遺伝子を入れておくための「交配プール」というリストを「すべてのスプライト用」で新たに用意します。その中身をまずすべて削除して空にしています。

次に、変数iを1からネコの数の100まで変えていきながら、各ネコのりんごからの距離を「距離のリスト」から取り出し、「平均距離」と比較（ひかく）します。

1 自然淘汰のルール作り

ここで、自然淘汰のルールを説明します。遺伝的アルゴリズムでの自然淘汰には、さまざまな方法があります。たとえばすぐに思いつきそうなのが、優れた遺伝子、つまりりんごに近かったネコだけの遺伝子を残す方法で、このような方法は「エリート選択」と呼ばれています。

成績の悪かったネコにもチャンスがある方法もあります。りんごからの距離に応じて選ばれる確率が変わるルーレット（りんごからの距離が近かったネコは面積が大きい）を用意し、それを回して決める「ルーレット選択」です。「ルーレット選択」は「エリート選択」と比べると遺伝子の多様性が失われません。このため、いろいろなタイプの遺伝子から最終的に優れたものが選ばれる可能性が高いので、今回はこれに近い方法で自然淘汰を行うようにします。

Scratchのコードの「『ネコの数』回繰り返す」の中を見てみましょう。りんごからの距離が平均距離よりも近かったネコは無条件に選出され、「交配（こうはい）プール」のリストに追加されます。平均距離よりも遠かったネコの場合は、「1から2までの乱数」が1だったときだけ「交配プール」のリストに追加されます。つまりこの場合は確率1/2で選出されるのです。

平均距離よりも遠かったネコと近かったネコがもしちょうど半数ずつだとすると、交配プールから選ぶということは、近かったネコが遠かったネコよりも2倍当たりやすい以下のようなルーレットを回すようなイメージになります。

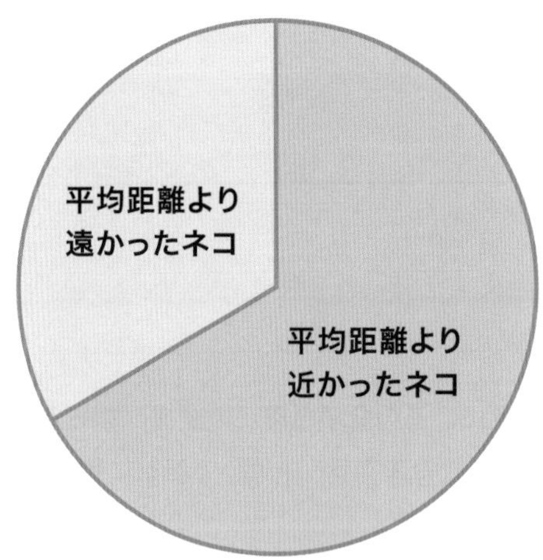

こうして全部のネコの遺伝子に対して、「交配プール」のリストに追加するかどうかを決め終わると、「自然淘汰」のプロセスは終了します。緑の旗をクリックして実行してみると、「交配プール」のリストに、ネコの数より少ない数（75前後）の遺伝子が選ばれることを確認してください。

次は、選出（せんしゅつ）した遺伝子が入っている「交配プール」から父親と母親の遺伝子を選び出し、交配して新しい遺伝子を作ります。

6-7 父親と母親の遺伝子から次世代の遺伝子を作る

「自然淘汰」が終わったら次に、「次世代の遺伝子を作る」処理を行います（わくの中の部分）。

●メインのコード（ネコのコード）

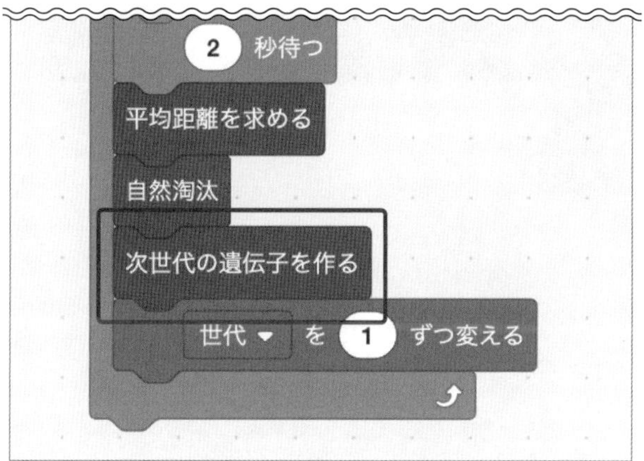

使用ブロック

●ブロック定義→ブロックを作る→「次世代の遺伝子を作る」を作成

6章

上級編 ― 遺伝的アルゴリズムでネコの動きを進化させよう

新しく定義する「次世代の遺伝子を作る」ブロックの中身は、以下の通りです。

●メインのコード（ネコのコード）－「次世代の遺伝子を作る」の定義

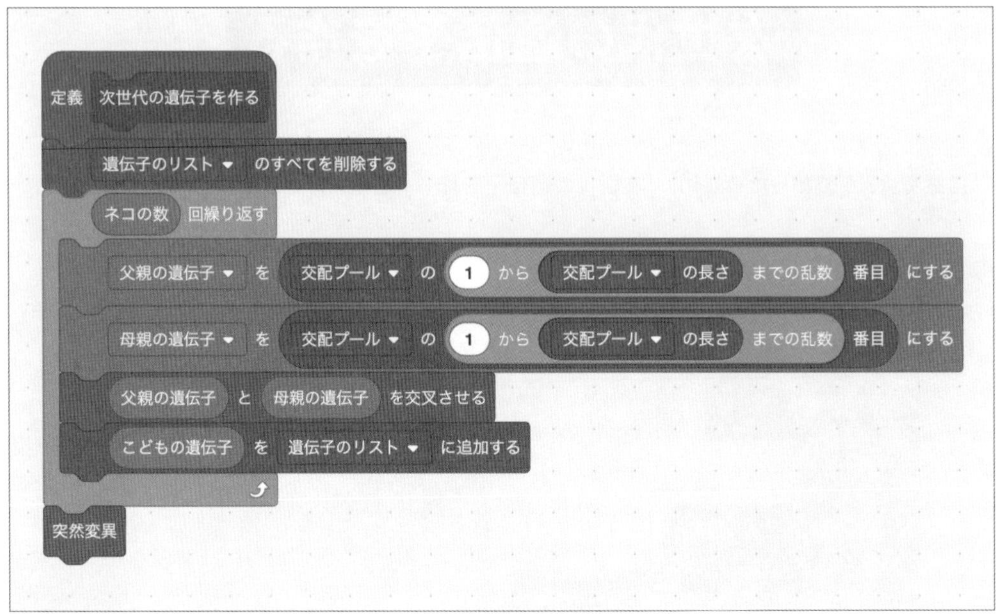

使用ブロック

- 変数→変数を作る→
  「父親の遺伝子」「母親の遺伝子」
  「こどもの遺伝子」を作成
  （「このスプライトのみ」を選択）
- 変数→
  「遺伝子のリスト」のすべてを削除する
- 制御→「10」回繰り返す
- 変数→
  「ネコの数」「父親の遺伝子」「母親の遺伝子」
  「こどもの遺伝子」
- 変数→「…」を「0」にする
- 変数→「交配プール」の「1」番目
- 演算→「1」から「10」までの乱数
- 変数→「交配プール」の長さ
- ブロック定義→ブロックを作る→
  「『…』と『…』を交叉させる」「突然変異」を作成
- 変数→
  「なにか」を「遺伝子のリスト」に追加する

まず、「『遺伝子のリスト』のすべてを削除する」でリストを空にしています。

次に「ネコの数」の分だけこどもの遺伝子を作り、「遺伝子のリスト」に追加していきます。こどもの遺伝子は、父親の遺伝子と母親の遺伝子の同じ位置で切断して、一部を入れ替える「交叉（こうさ）」という方法で作ります。この処理は、「父親の遺伝子」と「母親の遺伝子」を引数（ひきすう）にした「『父親の遺伝子』と『母親の遺伝子』を交叉（こうさ）させる」ブロックの中で行っています。

1 「『父親の遺伝子』と『母親の遺伝子』を交叉（こうさ）させる」ブロックの作成

父親の遺伝子と母親の遺伝子は、それぞれ「交配プール」のリストの中から、「1から『交配プールの長さ』までの乱数」番目を選び出すことで、ランダムにピックアップしています。これは、172ページで出てきたルーレットを回して1個選択することにあたります。

この場合、交配プールから一度以上何度かピックアップされる遺伝子が出てきたり、1回目は父親として選ばれたのに、2回目には母親として選ばれたりと、現実の世界で考えると少しおかしなことが発生します。遺伝的アルゴリズムはあくまでも生物を模（も）してはいますが、厳密（げんみつ）にまねる必要はないので、ここではよしとしています。

では、新しく定義する「『父親の遺伝子』と『母親の遺伝子』を交叉（こうさ）させる」ブロックの中身を見ていきましょう。

▶引数を持つブロックの定義のしかた

今回は「(父親の遺伝子)と(母親の遺伝子)を交叉させる」というブロックを作ります。() の部分は引数です。引数を持つ定義ブロックは、次のように作成します。
「ブロック定義」カテゴリの「ブロックを作る」ボタンを押して、ブロックを作るウィンドウを開くと、ブロックの絵の下に3つのボタンがあります。それを使って、引数やブロックのラベルの文字を追加できます。

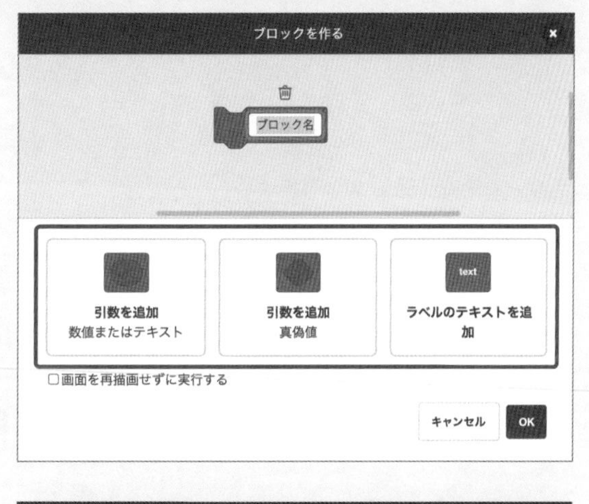

1つ目の項目（こうもく）は不要ですが、いきなり削除できないので、まず最初に左の「引数を追加　数値またはテキスト」ボタンで数値またはテキストの引数を追加して「父親の遺伝子」とします。

最初に入っていた「ブロック名」の項目を選択して、上に出てくるゴミ箱アイコンをクリックして削除します。

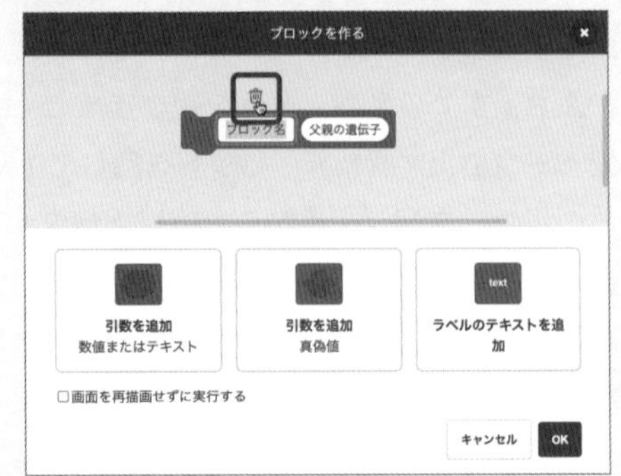

右の「ラベルのテキストを追加」ボタンを使って「と」のテキストを追加し、次に「引数を追加 数値またはテキスト」ボタンで「母親の遺伝子」の引数を追加。最後に「ラベルのテキストを追加」ボタンで「を交叉させる」のテキストを追加します。

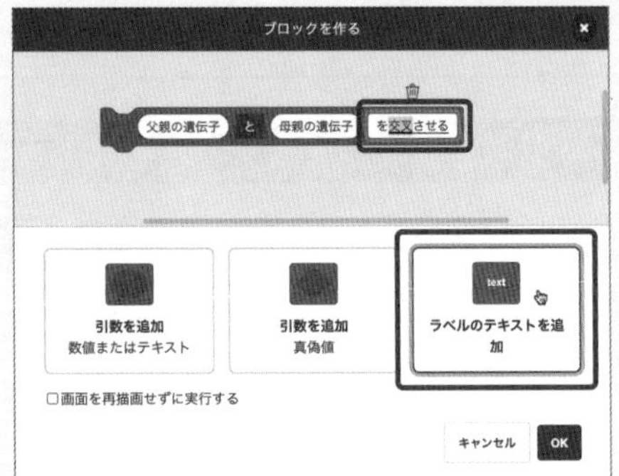

これでOKを押すと、定義の開始ブロックがコードエリアに現れます。

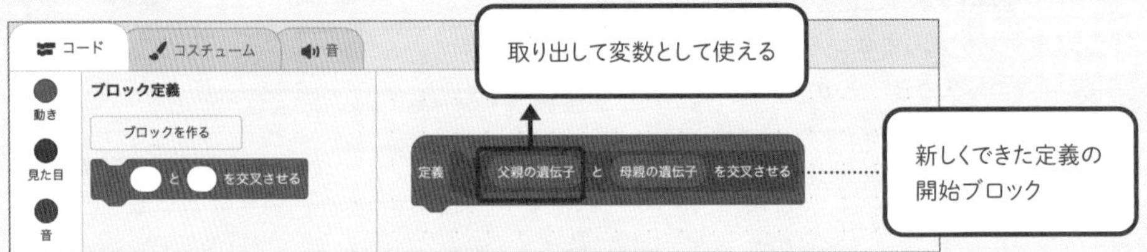

定義ブロックの引数部分は、丸いブロックとなり変数と同じように使うことができます。以下の図で「(A) と (B) を交叉させる」を実行した場合、父親の遺伝子にはAが入り、母親の遺伝子にはBが入ることになり、それらの値を定義したブロックの中で使用できます。

●メインのコード（ネコのコード）－「次世代の遺伝子を作る」－「父親の遺伝子と母親の遺伝子を交叉させる」の定義

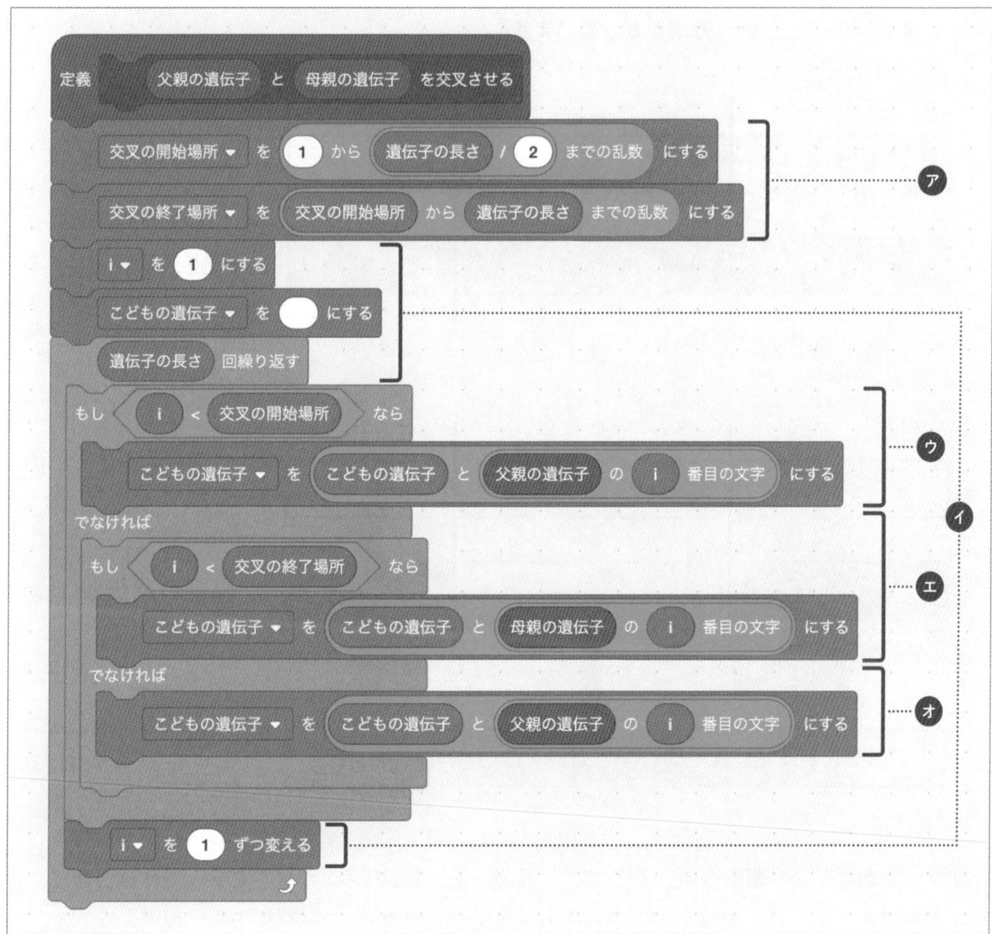

使用ブロック

- 変数→変数を作る→「交叉の開始場所」「交叉の終了場所」を作成（「このスプライトのみ」を選択）
- 変数→「…」を「0」にする
- 演算→「1」から「10」までの乱数
- 演算→「…」/「…」
- 変数→「交叉の開始場所」「交叉の終了場所」「遺伝子の長さ」「i」「こどもの遺伝子」
- 制御→「10」回繰り返す
- 制御→もし「…」なら／でなければ
- 演算→「…」<「50」
- 演算→「りんご」と「バナナ」
- 演算→「りんご」の「1」番目の文字
- 変数→「i」を「1」ずつ変える
- 定義の変数（148ページの定義の開始ブロックから取り出す）→「父親の遺伝子」「母親の遺伝子」

6章 上級編 ― 遺伝的アルゴリズムでネコの動きを進化させよう

「こどもの遺伝子」は、「父親の遺伝子」と「母親の遺伝子」を交叉させて作ります。交叉の方法にもいくつか種類があるのですが、ここでは交叉するポイントを2か所決めて真ん中の部分を入れ替える「二点交叉」という方法をとっています*。

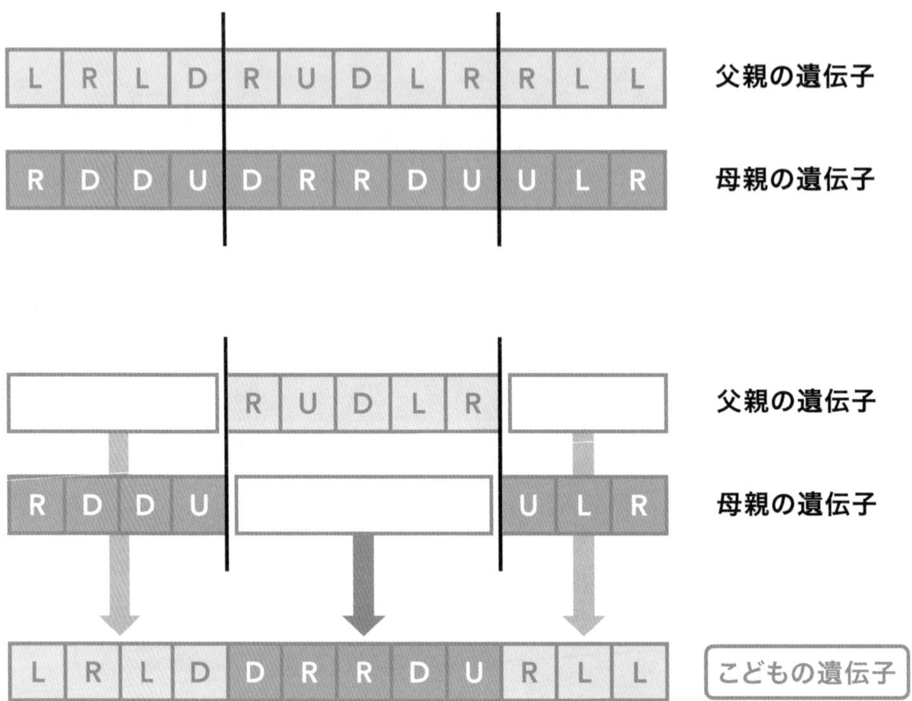

まず、変数「交叉の開始場所」「交叉の終了場所」を、「このスプライトのみ」で作成します。2か所の交叉するポイントを決めて、それぞれ「交叉の開始場所」と「交叉の終了場所」の変数に入れています(図のⓐの部分)。最初の交叉ポイントは「1から『遺伝子の長さ/2』までの乱数」によって、遺伝子の真ん中より前の前半部分にランダムに決めています。2つ目の交叉ポイントは、「『交叉の開始場所』から『遺伝子の長さ』までの乱数」で、最初の交叉ポイント以降、遺伝子の最後までのどこかに決めています。

2つの交叉ポイントが決まったら、「こどもの遺伝子」を空にして、変数i(繰り返しのための変数、ここでも再利用しています)を1から「遺伝子の長さ」まで変化させながら、「二点交叉」の通りに「こどもの遺伝子」を作っていきます(図のⓘの部分)。

＊注：交叉については以下を参照。
https://www.sist.ac.jp/~kanakubo/research/evolutionary_computing/ga_operators.html

変数iが「交叉の開始場所」よりも小さければ、つまり交叉開始場所にたどり着くまでは、「こどもの遺伝子」は「父親の遺伝子」の並び通りに作ります。「こどもの遺伝子」にそれまでの「こどもの遺伝子」に「『父親の遺伝子』のi番目の文字」をつなげている部分です（図のⓤの部分）。

次に「交叉の開始場所」以降で「交叉の終了場所」にたどり着くまでは、「母親の遺伝子」をつなげています（図のⓔの部分）。そして「交叉の終了場所」を過ぎたら、再び「父親の遺伝子」をつなげています（図のⓞの部分）。こうすることで、2つの交叉ポイントにはさまれた部分が「母親の遺伝子」、それ以外の部分は「父親の遺伝子」という「こどもの遺伝子」ができあがります。

2 「『父親の遺伝子』と『母親の遺伝子』を交叉させる」ブロック以降の処理

こうして1つの「こどもの遺伝子」ができあがります。できあがった「こどもの遺伝子」は、以下のコードの赤いわくのブロックの処理で、「遺伝子のリスト」に追加されます。

●メインのコード（ネコのコード）－「次世代の遺伝子を作る」の定義

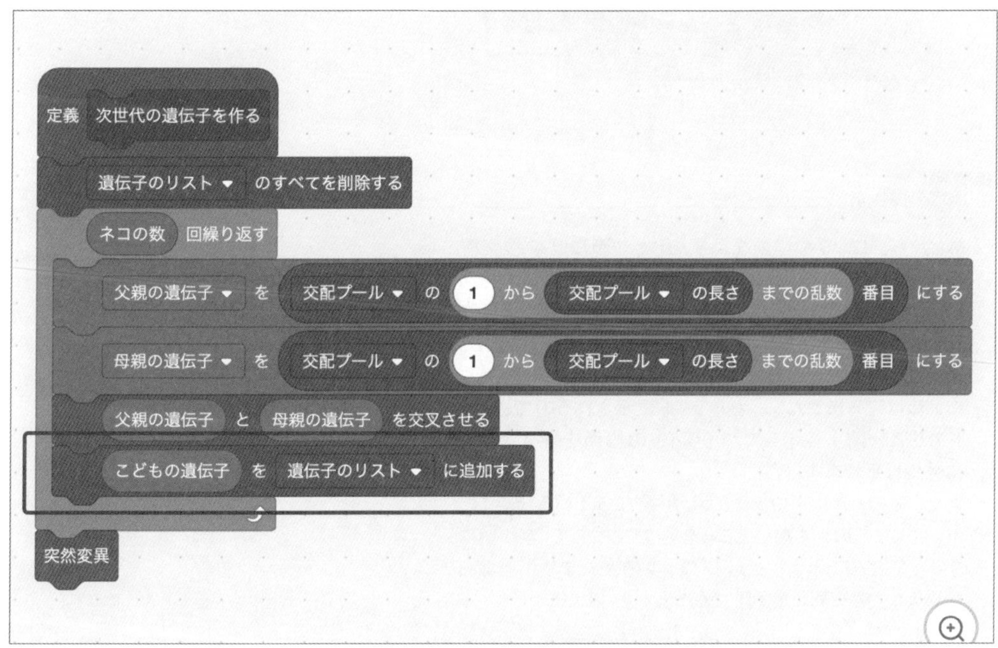

このあと、6-8で解説する「突然変異」が起こります（この新しい定義ブロックの中身は6-8を参照（さんしょう）してください）。

これでひと通り、1世代あたりの処理は完了しました。メインのコードにもどり、最後に「世代を1ずつ変える」ことで、世代に入っている値を1増やし、次の世代のネコが6-4以降のプログラムを実行することになります。

●メインのコード（ネコのコード）

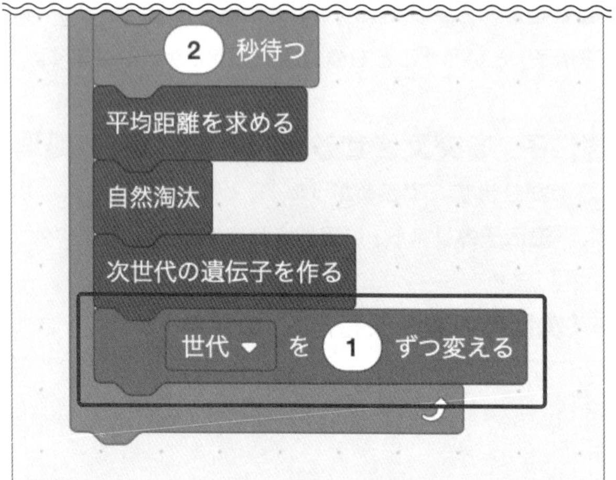

使用ブロック

●変数→
「世代」を「1」ずつ変える

ポイント

あとからブロックの場所を探すのに、ブラウザの検索機能が役に立ちます。Scratchのブロックの文字はテキストとして認識されるので、たとえば「次世代の遺伝子を作る」と検索すると、上記の部分が見つけやすくなります。通常のWebサイトの検索と異なりその場所へのスクロールはできませんが、ハイライト表示されるので、コードエリアを縮小表示してハイライトの箇所を探すとすぐに見つけられます。
また、そのときにブロックどうしが重なっている場合は、コードエリアの何もないところを右クリックして「きれいにする」を選んでみましょう。ブロックのかたまりが重ならないよう、縦一列に整列してくれます。

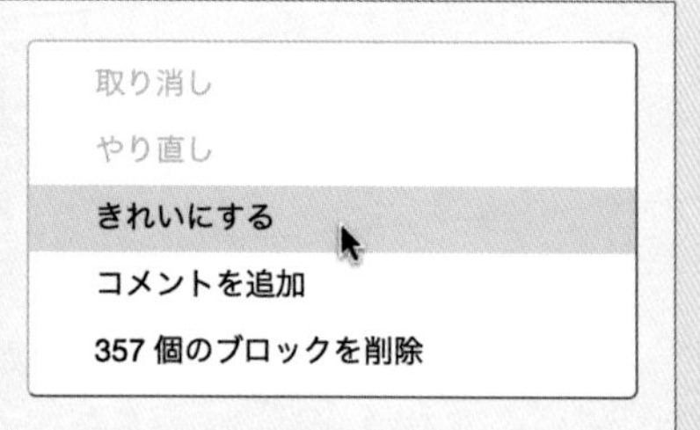

6-8 突然変異を起こす

　これまでの処理だけでも、プログラムを実行すると、世代を重ねるごとにネコはりんごに近づいていけるでしょう。

　しかし、たまたまある世代のネコのほとんどが、りんごのある方向とは別の方向に進んでしまって、正しくない方向に進んでしまった遺伝子の情報ばかりを次の世代に引きついでしまう、ということが起こると、ネコの進化が止まってしまいます。

　こうした状況（じょうきょう）を防ぐためにも、自然界で起こっている「突然変異」の考え方を取り入れます。自分以外のネコがみな決まったある方向に進んでいるのに、全く違う方向に進む“変わり者”のネコをわざと作るのです。そうしてたまたま新たな方向に進んでチャレンジしたネコが成功すれば、そのネコの遺伝子が次世代に引きつがれます。

　突然変異は、6-7で解説した「次世代の遺伝子を作る」処理の中で、父親の遺伝子と母親の遺伝子を交叉させてこどもの遺伝子を作った直後に発生させます（コードの中のわくで囲んだ部分）。

●メインのコード（ネコのコード）－「次世代の遺伝子を作る」の定義

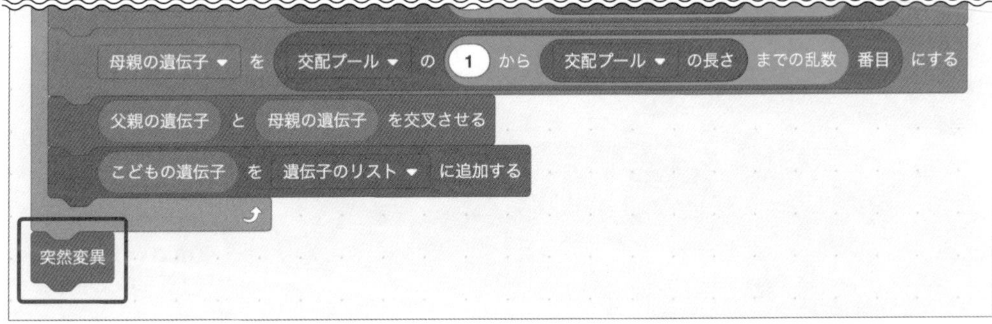

新たに定義する「突然変異」ブロックの中身は、以下の通りです。変数「j」を、「このスプライトのみ」で作成します。jも、繰り返しの中で1ずつ増やしていく変数として慣用的に使われる名前で、二重の繰り返しでiといっしょに使いたいときに用いられます。

●メインのコード（ネコのコード）－「次世代の遺伝子を作る」－「突然変異」の定義

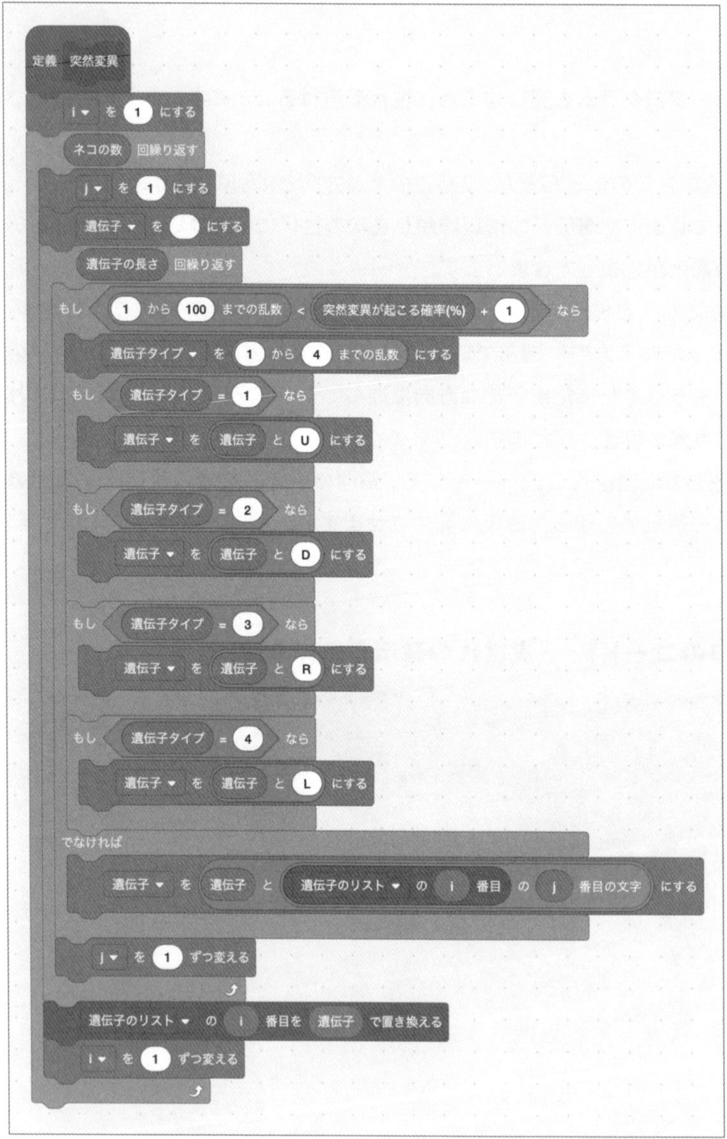

使用ブロック

- 変数→変数を作る→「j」を作成（「このスプライトのみ」を選択）
- 変数→「…」を「0」にする
- 制御→「10」回繰り返す
- 変数→「ネコの数」「i」「j」「遺伝子」「遺伝子タイプ」「遺伝子の長さ」「突然変異が起こる確率(%)」
- 制御→もし「…」なら／でなければ
- 演算→「…」＜「50」
- 演算→「1」から「10」までの乱数
- 演算→「…」＋「…」
- 制御→もし「…」なら
- 演算→「…」＝「50」
- 演算→「りんご」と「バナナ」
- 演算→「りんご」の「1」番目の文字
- 変数→「遺伝子のリスト」の「1」番目
- 変数→「j」を「1」ずつ変える
- 変数→「遺伝子のリスト」の「1」番目を「なにか」で置き換える

ここでは「遺伝子のリスト」に入っている遺伝子をもう一度取り出し、その遺伝子の文字列を1文字ずつたどりながら、「突然変異が起こる確率（%）」に設定した確率（初期値は6-3の**2**で3%に設定しました）でランダムな遺伝子に入れ替えてしまっています。

外側の繰り返しで、変数iを1から「ネコの数」まで変化させて、「遺伝子のリスト」のi番目の遺伝子を操作しています。

内側の繰り返しでは、変数jを用意し、変数「遺伝子」を空にしたうえで、jを1から「遺伝子の長さ」まで変化させて、i番目の遺伝子の文字列の1文字目から「遺伝子の長さ」、つまり文字列の最後までを操作します。

「1から100までの乱数」を発生させて、それが「突然変異が起こる確率（%）+1」（Scratchでは≦が使えず<を使うので1を足しています）よりも小さければ、突然変異を発生させます。

突然変異が発生する場合は、「1から4までの乱数」をランダムな「遺伝子タイプ」として、1から4までに対応したU、D、R、Lに入れ替えます。

突然変異が発生しない場合は、「遺伝子のリストのi番目の遺伝子のj番目の文字」がそのまま「遺伝子」にセットされます。つまりこの場合は何も変わってはいません。

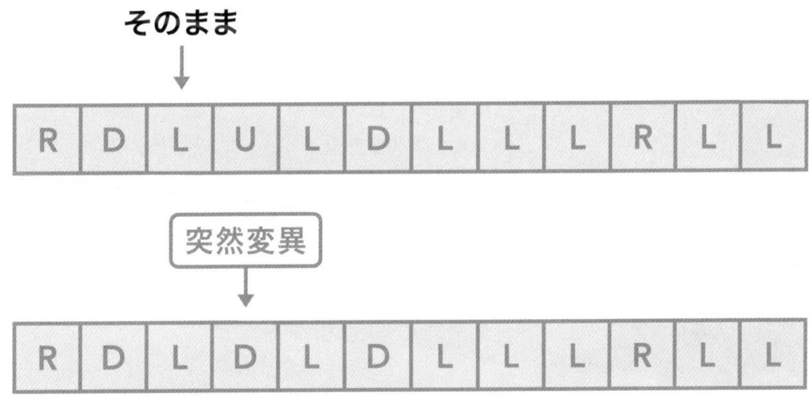

最後に、こうして突然変異の操作を行った「遺伝子」を「遺伝子のリスト」のi番目と置き換えて、リストにもどします。

これが「突然変異」の仕組みです。

6-9 平均距離のグラフを描く

遺伝的アルゴリズムを実装(じっそう)した、りんごに向かっていくネコのプログラムは以上で完成しました。

世代が進むにしたがってネコが進化していく様子を可視化するために、x軸(じく)に世代、y軸に適合度である平均距離をとったグラフを描いてみましょう。

まず、グラフのx軸とy軸を拡張機能の「ペン」を使って描きます。新しいスプライトを用意します。6-4の❸で作った障害物のスプライトと同様、コスチュームは空白で構いません。プログラムは以下の通りです。スプライトの名前を「グラフ」に変更しておきます。

●グラフのコード

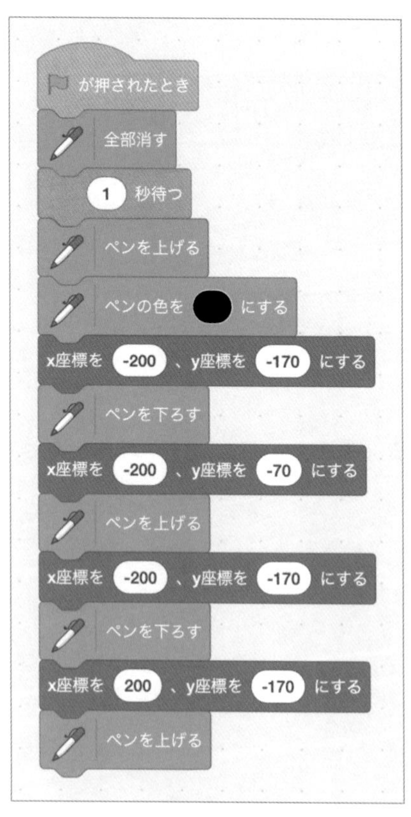

使用ブロック

- イベント→旗が押されたとき
- ペン→全部消す
- 制御→「1」秒待つ
- ペン→ペンを上げる
- ペン→ペンの色を「…」にする
- 動き→x座標を「…」、y座標を「…」にする
- ペン→ペンを下ろす

まずグラフの軸を、x座標:−200、y座標:−170を原点にして、原点とx座標:−200、y座標:−70をつないでy軸を描き、再び原点とx座標:200、y座標:−170をつなげてx軸を描いています。

世代が進むにしたがって平均距離が小さくなっていく様子をグラフに描いていくプログラムが以下です。線の色は青を指定しています。

●グラフのコード

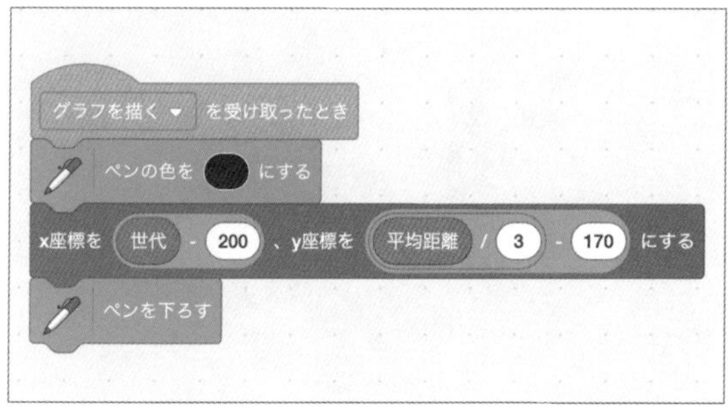

使用ブロック

- イベント→「グラフを描く」を受け取ったとき
- ペン→ペンの色を「…」にする
- 動き→x座標を「…」、y座標を「…」にする
- 演算→「…」-「…」
- 演算→「…」/「…」
- 変数→「世代」「平均距離」
- ペン→ペンを下ろす

「メッセージ1を受け取ったとき」ブロックのメッセージ1の横の▼を押して、新しいメッセージを選択し、「グラフを描く」というメッセージを作成します。

世代をxの値に、平均距離をyの値にしていますが、yはそのままの値を採用すると長くなってしまうので、3で割るようにして値を小さくしています。ペンを下ろす位置は、x座標:−200＋世代、y座標:−170＋(平均距離/3)となります(式の順序を変えてコードにしたのが上図)。

メッセージを使って実行しているので、平均距離を出し終わったあとに、「『グラフを描く』を送る」ブロックを忘れずに追加しましょう(下図のコードの中のわくで囲んだ部分)。

●メインのコード(ネコのコード)−「平均距離を求める」の定義

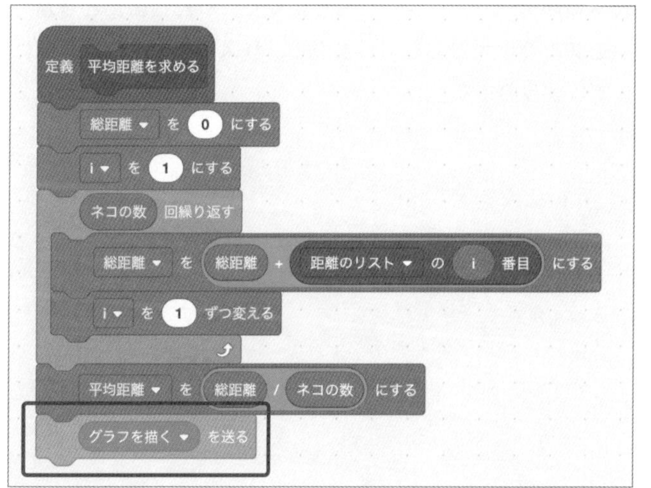

使用ブロック

- イベント→「グラフを描く」を送る

プログラムを実行すると、以下のように世代が進むにしたがい、りんごからの平均距離がだんだん小さくなっていく様子をグラフで確認できます。

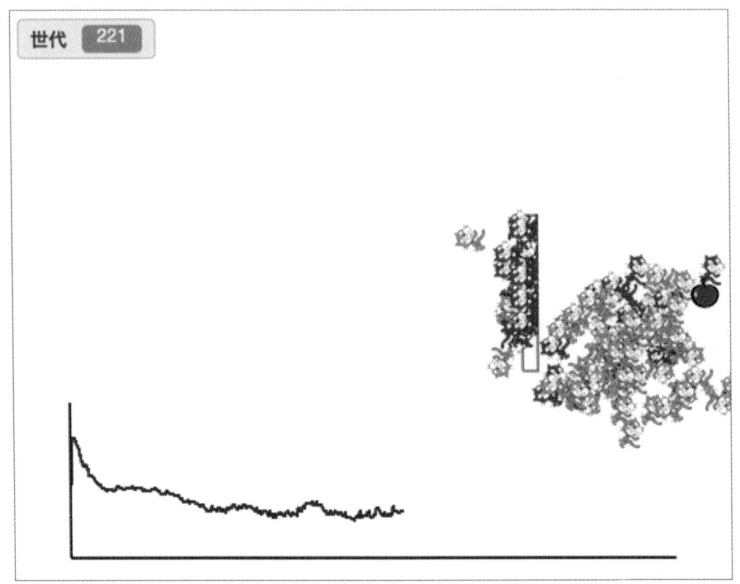

以上、Scratchのプログラムを追いながら、遺伝的アルゴリズムの実装を見てみました。おおまかにでも遺伝的アルゴリズムがどういうものかがつかめたのではないでしょうか？

変数を自分で変更してみたり、あるいはリミックスしてみて改造してみると、進化の様子が変わってなかなか面白いです。

たとえば、プログラム開始時に設定されている、障害物に当たったときの「ペナルティ」を大きくしてプログラムを実行してみるとどうなるでしょうか？ あまりにペナルティを大きくしてしまうと、りんごの方向に進んでいたネコの遺伝子が次世代に残りにくく、りんごにたどり着くことがなくなってしまいます。リスクをあまりに大きくしてしまうと、リスクをおそれず果敢（かかん）にりんごに向かっていったネコが絶滅（ぜつめつ）してしまうのです。

「突然変異が起こる確率」は3%に設定されていますが、これを0、つまり突然変異が全く起こらないようにするとどうなるでしょうか？ この場合、たとえば以下のように十分世代が進んだとき、すべてのネコがほぼ同じような動きになり、しかも障害物をギリギリでよける動きをするようになりました。最適な動きになったのかもしれませんが、生物っぽさがあまり感じられません。

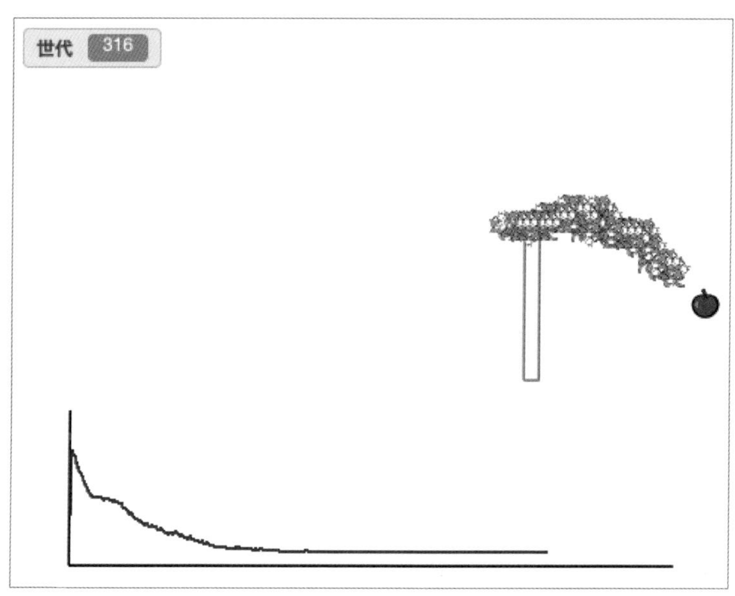

かといって「突然変異が起こる確率」をあまりに大きくしてしまうと、常にランダムな動きをするようになってしまって、りんごにたどり着けなくなってしまいます。

「自然淘汰」では、淘汰の方法に「ルーレット選択」の簡易的な実装を採用しましたが、別の方法で自然淘汰を行ってみると、もっと効率的にネコが進化するようになるかもしれません。

「父親と母親の遺伝子から次世代の遺伝子を作る」では、交叉の方法に「二点交叉」を採用しましたが、別の交叉方法をとるとどうなるでしょうか？

このように、進化の方法を自分でデザインしたり調整したりしていると、なんだか自分が神様になったような錯覚（さっかく）を覚えるかもしれません。

●世代の移り変わり

5章のプログラムを実際に動かし、100世代までの到達結果の移り変わりを記録してみました。

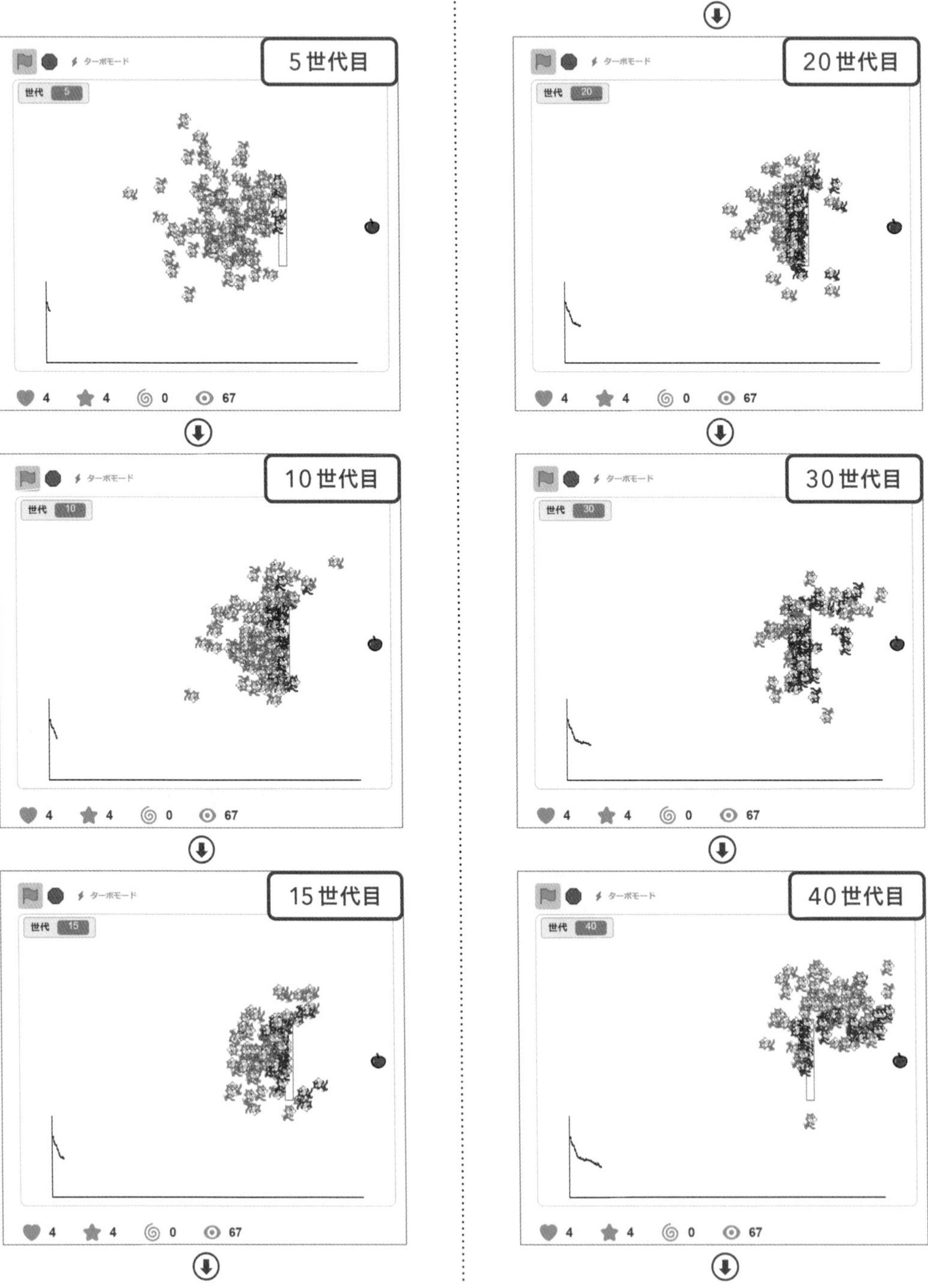

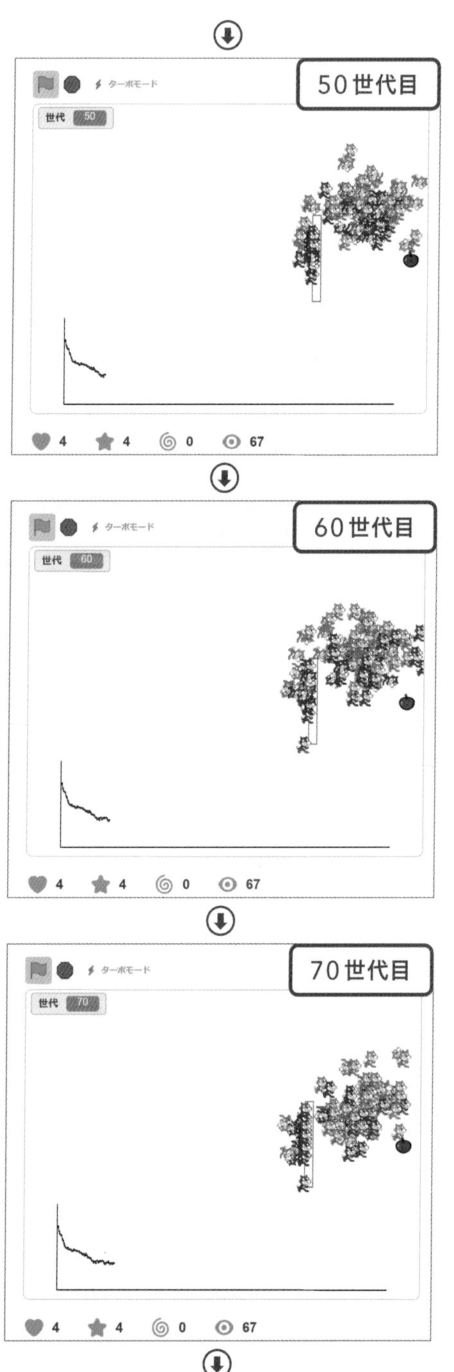
50世代目
ターボモード
世代 50
4 4 0 67
60世代目
ターボモード
世代 60
4 4 0 67
70世代目
ターボモード
世代 70
4 4 0 67

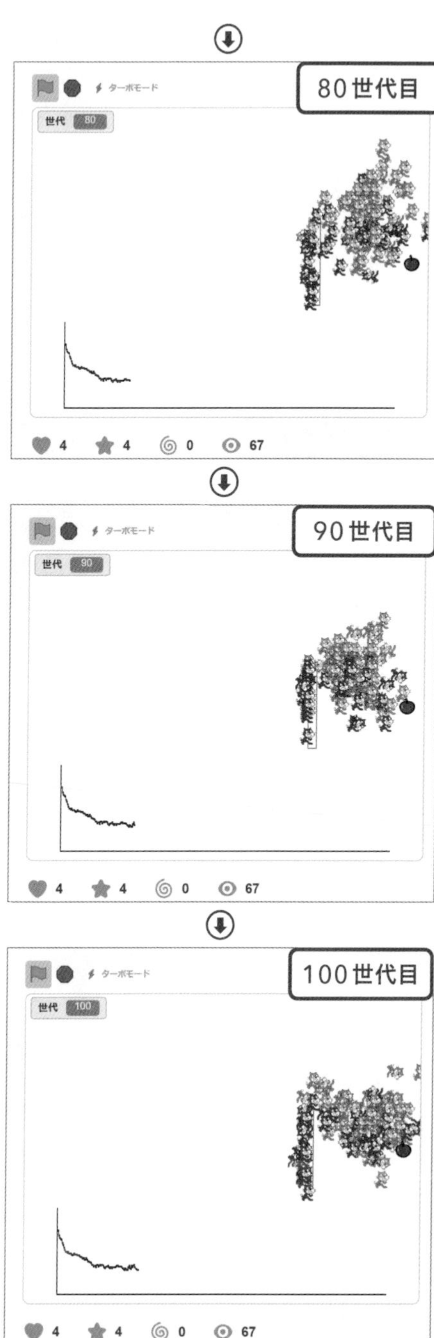
80世代目
ターボモード
世代 80
4 4 0 67
90世代目
ターボモード
世代 90
4 4 0 67
100世代目
ターボモード
世代 100
4 4 0 67

●完成したプログラム

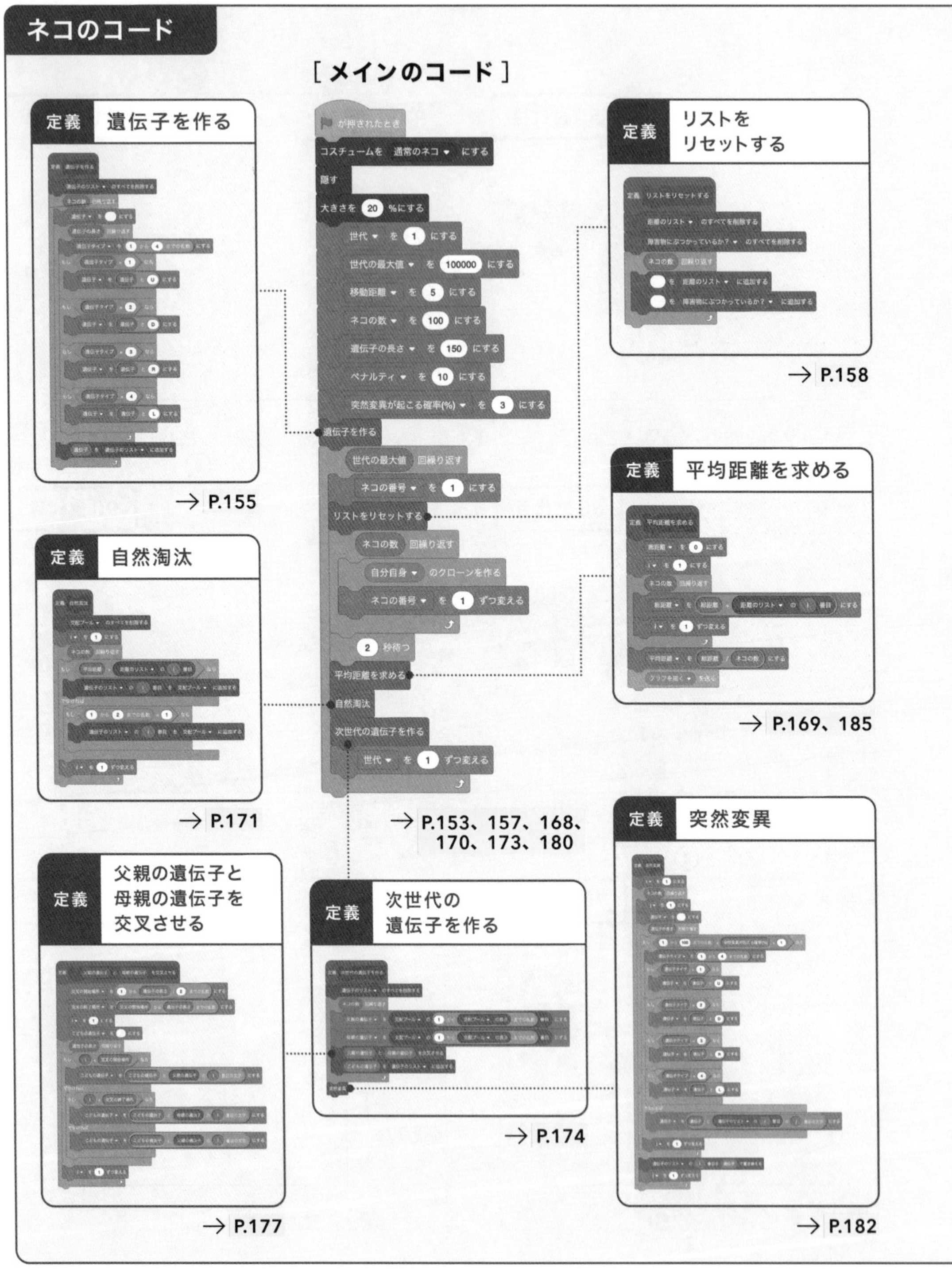

ネコのコード
[メインのコード]
が押されたとき
コスチュームを 通常のネコ にする
隠す
大きさを 20 %にする
世代 を 1 にする
世代の最大値 を 100000 にする
移動距離 を 5 にする
ネコの数 を 100 にする
遺伝子の長さ を 150 にする
ペナルティ を 10 にする
突然変異が起こる確率(%) を 3 にする
遺伝子を作る
世代の最大値 回繰り返す
ネコの番号 を 1 にする
リストをリセットする
ネコの数 回繰り返す
自分自身 のクローンを作る
ネコの番号 を 1 ずつ変える
2 秒待つ
平均距離を求める
自然淘汰
次世代の遺伝子を作る
世代 を 1 ずつ変える
→ P.153、157、168、170、173、180
定義 遺伝子を作る
→ P.155
定義 自然淘汰
→ P.171
定義 父親の遺伝子と母親の遺伝子を交叉させる
→ P.177
定義 次世代の遺伝子を作る
→ P.174
定義 リストをリセットする
リストをリセットする
距離のリスト のすべてを削除する
障害物にぶつかっているか? のすべてを削除する
ネコの数 回繰り返す
を 距離のリスト に追加する
を 障害物にぶつかっているか? に追加する
→ P.158
定義 平均距離を求める
→ P.169、185
定義 突然変異
→ P.182

[クローンされたときのコード]

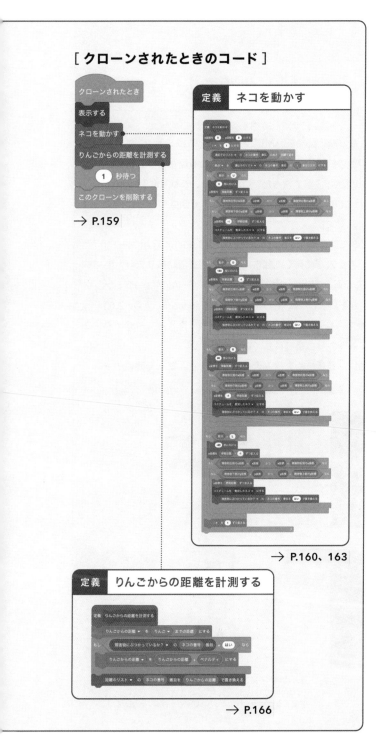

```
クローンされたとき
表示する
ネコを動かす
りんごからの距離を計測する
(1) 秒待つ
このクローンを削除する
```

→ P.159

定義 ネコを動かす

→ P.160、163

定義 りんごからの距離を計測する

```
定義 りんごからの距離を計測する
りんごからの距離 ▼ を (りんご ▼ までの距離) にする
もし <(障害物にぶつかっているか？ ▼ の (ネコの番号) 番目) = (はい)> なら
  りんごからの距離 ▼ を ((りんごからの距離) + (ペナルティ)) にする
距離のリスト ▼ の (ネコの番号) 番目を (りんごからの距離) で置き換える
```

→ P.166

障害物のコード

→ P.164

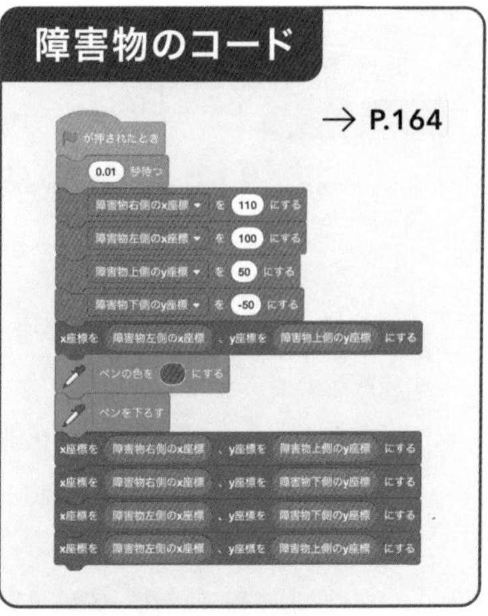

りんごのコード

→ P.165

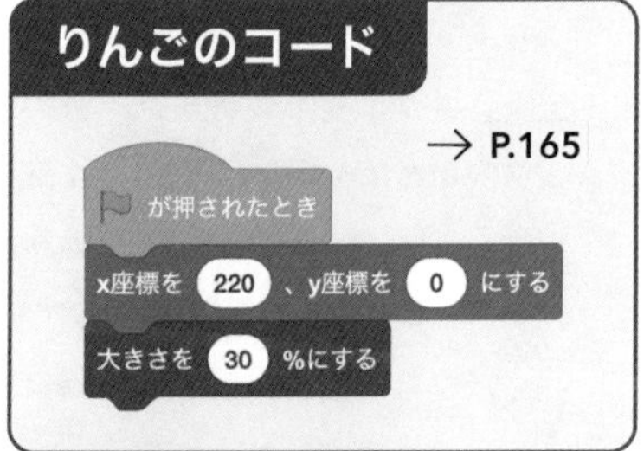

グラフのコード

→ P.184、185

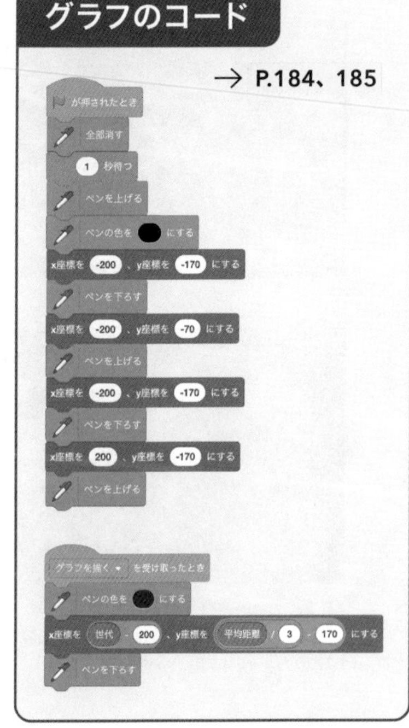

コラム

拡張機能を組み合わせてさらに世界を広げよう

本書でも、「ペン」や「音声合成」などの拡張機能を、ML2Scratch、TM2Scratchなどと組み合わせて利用していますが、その他の拡張機能を組み合わせることも簡単にできます。

たとえば「micro:bit」の拡張機能を使えば、3章で作ったプログラムで、PoseNet2Scratchで推定した体の位置の値の他に、micro:bitの加速度センサーが取得する傾きの値も利用することができます。

さらに、本書で紹介しているStretch3では、「micro:bit MORE」や「PaSoRich」、「QRコード」のように、機械学習以外にも、いろいろな人が開発した独自の拡張機能を随時取り入れ、使えるようにしています。本書の姉妹書である『Scratchであそぶ機械学習―AIプログラミングのかんたんレシピ集』*では、機械学習を利用した拡張機能と「LEGO Education WeDo 2.0」や「micro:bit MORE」とを組み合わせて、自動でブレーキがかかる車や、合言葉で解錠できるドアロックの作例を紹介しています。そちらも参考にしてみてください。

だれでも簡単に使えるScratchを軸に、最新技術を組み合わせて、アッと驚く発明にチャレンジしてくださいね。

＊注：https://www.oreilly.co.jp/books/9784873119960/

ML2ScratchとLEGO WeDoを組み合わせ、柿ピーから柿の種とピーナッツを見分けて分類する装置。
https://youtu.be/yyyth4b9aZ4

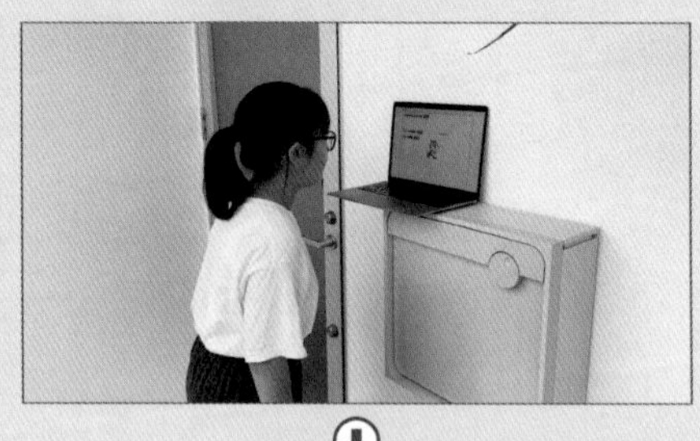

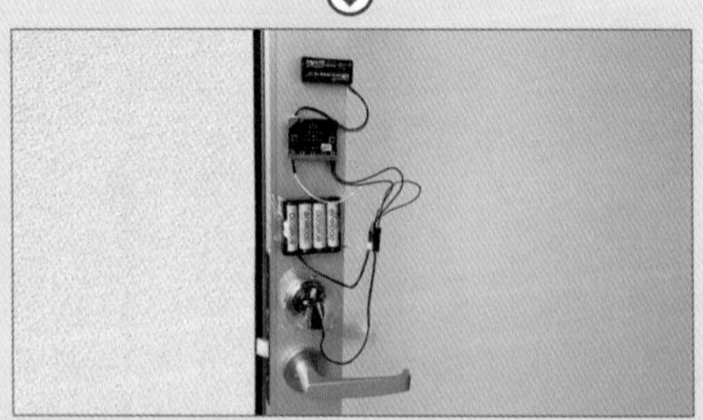

音声認識する拡張機能「Speech2Scratch」（194ページ）とmicro:bitを組み合わせ、合言葉だけでドアロックを解錠する仕組み。https://youtu.be/pHIVXeyD6LQ

付録

その他の拡張機能を使った機械学習

ML2Scratch、TM2Scratch、PoseNet2Scratch、ChatGPT2Scratch以外にも、機械学習の仕組みを使える拡張機能があります。ここではそれらを使って、音声翻訳機プログラムや、手指・顔をより細かく認識させるプログラムについて紹介します。さらに、Scratchの独自拡張機能の作り方についても紹介します。

A-1 Scratchで音声翻訳機を作る

「○○の曲をかけて」という音声操作で音楽をかけたり、家電を操作することができるスマートスピーカーや、しゃべった言葉をさまざまな言語に翻訳してくれる小型の音声翻訳機の登場で、音声認識の技術が身近なものとなりました。この音声認識の技術にも、機械学習が使われています。

入力した言葉をしゃべってくれるScratch公式拡張機能の「音声合成」、いろいろな言語に翻訳することができる「翻訳」、そして、しゃべった言葉を文字に変換してくれる独自拡張機能の「Speech2Scratch」を組み合わせて、音声翻訳機を作ってみましょう。

Stretch3をChromeで開き、「拡張機能を選ぶ」の画面を開いて、「Speech2Scratch」を選択して追加します。

Stretch3
https://stretch3.github.io/

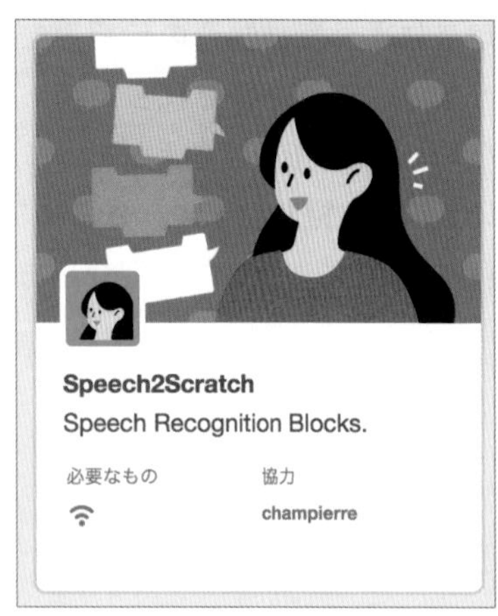

続いて「音声合成」と「翻訳」の拡張機能も追加します。

音声合成
言葉をしゃべるプロジェクトを作ろう。
必要なもの
協力
Amazon Web Services

翻訳
色々な言語にテキストを翻訳する。
必要なもの
協力
Google

以下のようにコードを作ります。

スペースキーが押されたら、コードが実行されるようにしています。言語を「英語」に設定し、音声認識を開始します。「音声認識開始」のブロックを実行すると、音声を認識し続けている状態になるので、5秒間待ってから、認識した内容を英語に翻訳したうえで、音声合成でその内容をしゃべるようにしています。

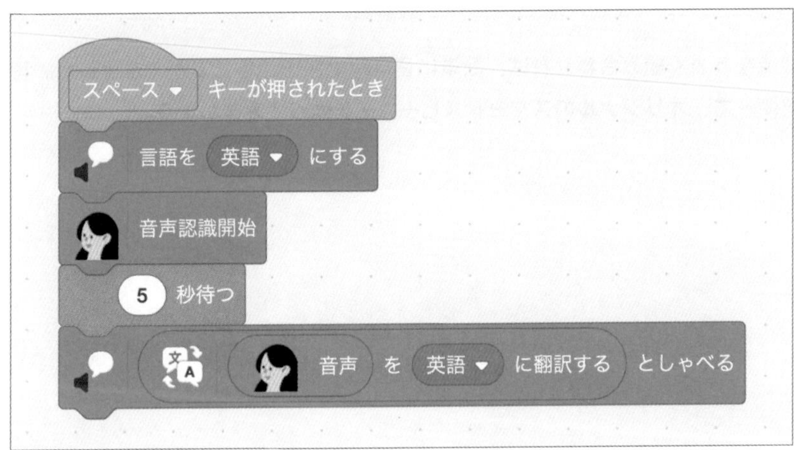
スペース キーが押されたとき
言語を 英語 にする
音声認識開始
5 秒待つ
音声 を 英語 に翻訳する としゃべる

使用ブロック

- イベント→「スペース」キーが押されたとき
- 音声合成→言語を「日本語」にする
- Speech2Scratch→音声認識開始
- 制御→「1」秒待つ
- 音声合成→「こんにちは」としゃべる
- 翻訳→「こんにちは」を「……語」に翻訳する
- Speech2Scratch→音声

スペースキーを押してみましょう。最初だけ、以下のようにマイクの使用の許可を求めるダイアログが表示されるので「許可する」をクリックします。

ポイント

マイクの使用をブロックしてしまったり、許可せずダイアログを閉じてしまった場合は、23ページの「カメラの許可と切り替え」の「カメラ」を「マイク」に読み替えた説明にしたがえば、マイクの使用を許可することができます。

スペースキーを押してからマイクに話しかけた言葉を、英語に翻訳してしゃべってくれます。試しに動かしてみた様子を動画で紹介します。

speech2scratchのデモ
https://www.youtube.com/watch?v=5T_rWqqu1I4

このように拡張機能をうまく組み合わせれば、簡単に音声翻訳機を作ることができました。音声認識や音声合成を使って、オリジナルのスマートスピーカーを作ってみましょう。

A-2 手の指や顔をより細かく認識させる*

PoseNet2Scratch使うと、顔や体の各パーツを認識できることを3章で体験しました。手指や顔をもっと細かく認識したいというときには、別の拡張機能を使うことができます。

1 手の指を細かく認識できるHandpose2Scratch

親指から小指まで21か所の位置を認識できる「Handpose2Scratch（ハンドポーズツースクラッチ）」を使うと、指が何本立っているかとか、手を開いているのかにぎっているのかを判定して、それを利用したプログラムを作ることができます。ジェスチャーで操作するようなゲームや、手話を認識するようなプログラムを作ることができるでしょう。

Stretch3を開いて、「拡張機能を選ぶ」画面から「Handpose2Scratch」を選ぶと利用できます。

＊注：ここで紹介するHandpose2ScratchやFacemesh2Scratchで作るプログラムは、負荷の高い処理が多いため、なめらかに動かすには処理性能の高いパソコンが必要です。

付録 その他の拡張機能を使った機械学習

Handpose2Scratchの拡張機能を選んだ直後、手指を認識するために使う学習済みモデルをダウンロードしてStretch3で利用できる状態にするために少し時間がかかるため、ブラウザが止まった状態になってしまいますが、反応が返ってくるまでしばらく待ちましょう。

Handpose2Scratchのホームページを別のウィンドウまたはタブで開いて、Sample projectという項目にあるリンクをクリックすると、サンプルのプロジェクトファイルをダウンロードすることができます。

Handpose2Scratchのホームページ
https://github.com/champierre/handpose2scratch

使用方法

- Chromeで https://stretch3.github.io/ (ほかのオリジナル拡張機能が使用できます)または https://champierre.github.io/handpose2scratch/ を開きます。
- 拡張機能一覧よりHandpose2Scratchを選びます。

サンプルプロジェクト

https://github.com/champierre/handpose2scratch/raw/master/sample_projects/handpose.sb3

ダウンロードした「handpose.sb3」を開いてみましょう。メニュー画面より、「ファイル」→「コンピューターから読み込む」を選び、handpose.sb3を選択します。

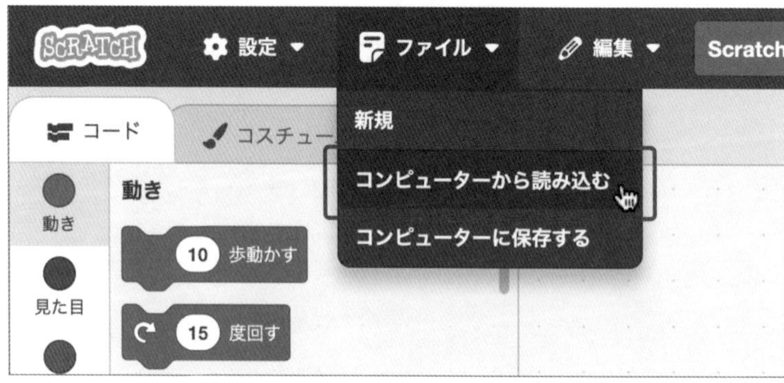

緑の旗をクリックしてプログラムを開始します。

Webカメラに向かって手を映してみましょう。クローンされたBallが、指の各部位の座標上に移動することで、指の形の通りに並びます。下の図は、ジャンケンのチョキをカメラに映したときのキャプチャ画面です。

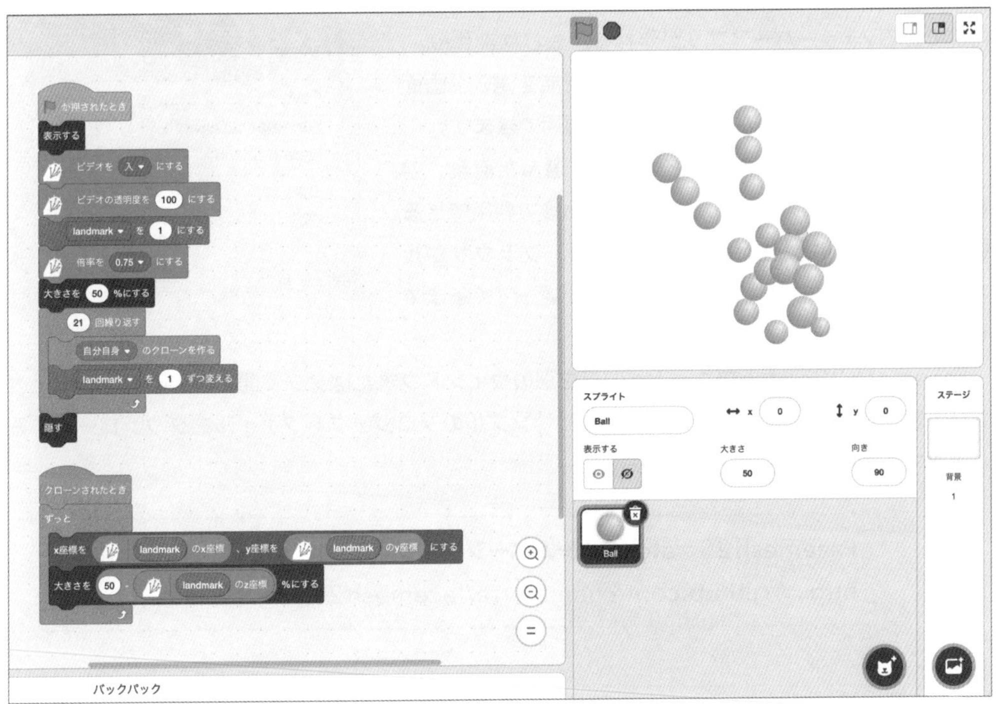

2 顔を細かく認識できるFacemesh2Scratch

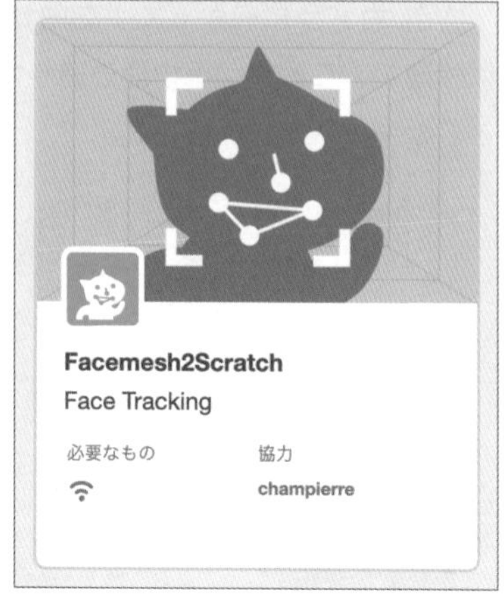

次に、顔を細かく認識できる「Facemesh2Scratch（フェイスメッシュツースクラッチ）」を紹介します。Facemesh2Scratchは顔の各部位、468か所を認識できるので、たとえばそれぞれの場所にキャラクターの目や鼻、口などを配置すれば細かな表情も再現できるVチューバーアプリが作れるかもしれません。

こちらもStretch3を開いて、「拡張機能を選ぶ」画面から「Facemesh2Scratch」を選ぶと利用できます。

Facemesh2Scratchも、拡張機能を選んだ直後、学習済みモデルをダウンロードしてStretch3で利用できる状態にするために少し時間がかかるため、ブラウザが止まった状態になってしまいますが、反応が返ってくるまでしばらく待ちましょう。

Facemesh2Scratchのホームページを別のウィンドウまたはタブで開き、Sample projectという項目にあるリンクをクリックするとサンプルのプロジェクトファイルをダウンロードすることができます。

Facemesh2Scratchのホームページ
https://github.com/champierre/facemesh2scratch

使用方法

- Chromeで https://stretch3.github.io/ (ほかのオリジナル拡張機能が使用できます)または https://champierre.github.io/facemesh2scratch/ を開きます。
- 拡張機能一覧よりFacemesh2Scratchを選びます。

サンプルプロジェクト

https://github.com/champierre/facemesh2scratch/raw/master/sample_projects/facemesh.sb3

ダウンロードしたfacemesh.sb3を開きます。メニュー画面より、「ファイル」→「コンピューターから読み込む」を選び、facemesh.sb3を選択します。

緑の旗をクリックしてプログラムを開始します。

Webカメラに向かって自分の顔を映してみましょう。Ballが、顔の各部位の座標上に移動することで、顔の形の通りに並びます。

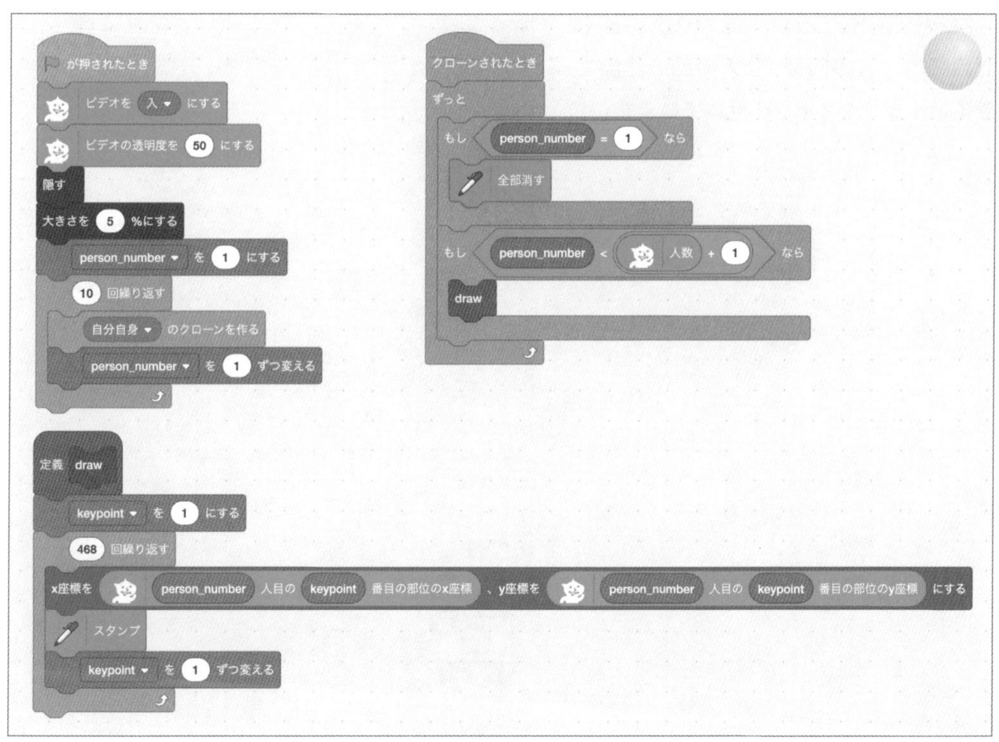

Scratchのクローンは300個までしか作成できないという制限があるため、468個のBallを並べるには、クローンを使うのではなく「ペン」の拡張機能の「スタンプ」のブロックを使っています。自分自身をスタンプしては消して、というテクニックを使って実現しています。

画面を高速に描画するために、「draw」のブロック定義で「画面を再描画せずに実行する」にチェックを入れています。

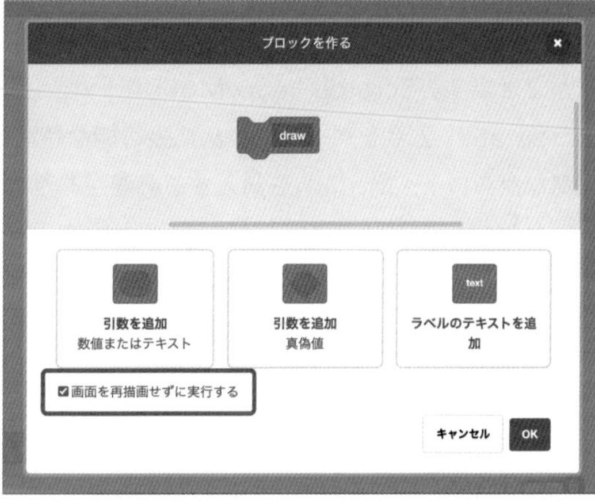

Facemesh2Scratchは複数人の顔も認識でき、右の図は、2人の顔を認識できている様子をキャプチャしています。

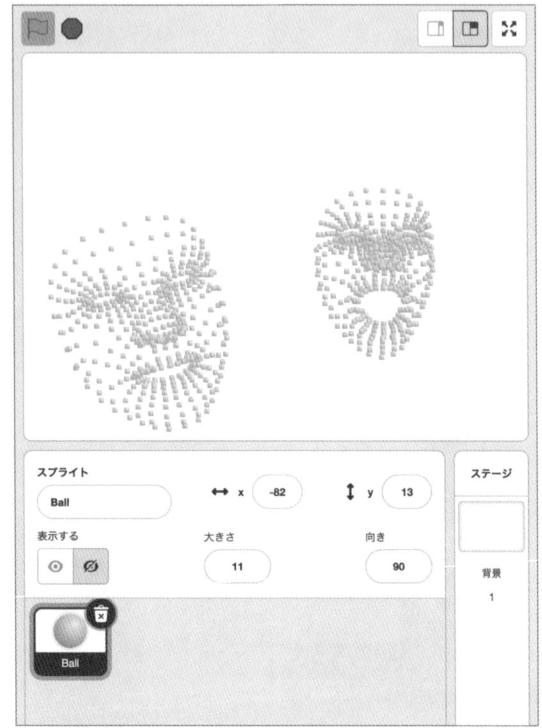

手や顔を認識するには、これまでは特殊なセンサーやデバイスが必要でした。たとえば2012年に発売されたLeap Motion（リープ モーション）[*1]という入力機器は、赤外線によって手や指を正確に認識することができます。Scratch Leap Motion Extension[*2]という拡張機能を使えば、ScratchXというScratch 2.0をベースにした拡張可能な特別なバージョンのScratchとも連携（れんけい）可能ですが、当然ながらLeap Motionを購入する必要がありました。

これに対して、Handpose2Scratchを使えば、精度ではまだLeap Motionなどの特別なデバイスよりは劣るものの、市販の安価（あんか）なWebカメラや、最近のパソコンであれば最初から内蔵されているカメラだけで、手指を認識することができます。

これを可能にしているのは、Handpose2Scratchが使っているHandposeというライブラリで、Googleが提供しているMediaPipeとTensorFlow.jsという機械学習を使った技術がベースとなっています[*3]。

＊注1：リンク先を参照。https://www.ultraleap.com/
＊注2：リンク先を参照（英語）。https://khanning.github.io/scratch-leapmotion-extension/
＊注3：リンク先を参照（英語）。TensorFlowBlog - Face and hand tracking in the browser with MediaPipe and TensorFlow.js
https://blog.tensorflow.org/2020/03/face-and-hand-tracking-in-browser-with-mediapipe-and-tensorflowjs.html

A-3 独自拡張機能の作り方

本書で紹介しているImageClassifier2Scratch、ML2Scratch、TM2Scratch、PoseNet2Scratch、ChatGPT2ScratchやSpeech2Scratch、Handpose2Scratch、Facemesh2Scratchは、すべてScratchの公式ではない独自拡張機能です。

Scratch 3のソースコードは以下のサイトで公開されており、これを自分のマシンにダウンロードすれば、Scratch 3を自分のパソコンで動かすことができますし、修正してオリジナルの拡張機能を作ることもできます。

GitHub - Scratch Foundation
https://github.com/scratchfoundation

Scratch 3のソースコードはJavaScriptで書かれており、たとえば、ImageClassifier2Scratchの「音声認識開始」と「音声」ブロックはこんな感じで書かれています。

index.js

```
const ArgumentType = require('../../extension-support/argument-type');
const BlockType = require('../../extension-support/block-type');
const Cast = require('../../util/cast');

class Scratch3Speech2Scratch {
    constructor (runtime) {
        this.runtime = runtime;
        this.speech = '';
    }

    getInfo () {
        return {
            id: 'speech2scratch',
            name: 'Speech2Scratch',
            blocks: [
```

```
                {
                    opcode: 'startRecognition',
                    blockType: BlockType.COMMAND,
                    text: '音声認識開始'
                },
                {
                    opcode: 'getSpeech',
                    blockType: BlockType.REPORTER,
                    text: '音声'
                }
            ],
            menus: {
            }
        };
    }

    startRecognition () {
        SpeechRecognition = webkitSpeechRecognition || SpeechRecognition;
        const recognition = new SpeechRecognition();
        recognition.onresult = (event) => {
            this.speech = event.results[0][0].transcript;
        }
        recognition.start();
    }

    getSpeech() {
        return this.speech;
    }
}

module.exports = Scratch3Speech2Scratch;
```

Scratch 3を自分のパソコンで動かす方法や公開方法、独自拡張機能のくわしい作り方は、

大人のためのScratch - Scratchを改造しよう
https://otona-scratch.champierre.com/books/1/posts

というオンラインコンテンツで解説していますので、もし興味があれば読んでみて、挑戦してみてください。

あとがき

2019年5月、Maker Faire Kyotoにて本書の編集担当である関口伸子さんより子供向けの機械学習をテーマにした書籍を書きませんか、というお話をいただきました。本業のかたわらで書籍を執筆することの大変さを知り、もうしばらくはやめておこうと思っていた時期だったために迷ったのですが、Perlのラクダ本や『日本語情報処理』などの多くの技術書にお世話になっていたそのオライリーから自分の本が出せるということがうれしかったということ、そしてML2Scratchの初期バージョンをCoderDojoなどで子供たちに紹介するとみな不思議がって楽しんでくれていたので、こんな楽しいものを紹介するまたとない機会に恵まれたと考えて、引き受けることにしました。

自転車を運転するためには、その仕組みをちゃんと理解しなくても、とりあえず乗ってみて練習をしばらく繰り返せば乗れるようになります。今まで行けなかった遠い場所まで行けたり、ずっと楽に速く行けるようになって、以降は楽しい経験をたくさんできるようになることでしょう。もちろん、ちゃんとルールを守って走らないと命にもかかわるので、その危険性を知ることは大切でしょう。近年、機械学習やAIの分野は目覚ましい進歩を遂げており、それに伴い恐れや不安も増していますが、乗る前から「自転車は人間にとって危ない！」ということばかりを意識することはナンセンスのように思います。

機械学習についても、そして第2版で紹介している生成AIについても、その仕組みをしっかり理解するよりも、とりあえず使ってみてどんなことができるかがわかれば、楽しい経験をたくさんできるようになるのではないでしょうか？ 自転車に乗れるようになってから、もう少し速く楽に行けるように、と、部品を交換して自転車の仕組みを理解していくのと同じで、機械学習や生成AIについてもとりあえず使ってみてから、もっと便利に楽しくして見よう、その仕組みを理解してみよう…と、より深く学ぶのもよいのではないかと思っています。

各章は私と倉本さんの2人で書いていきましたが、拡張機能を用意し仕組みの説明を主に私が用意したあとは、ワークショップなどで多くの子供たちにプログラミングの楽しさを教えている経験豊富な倉本さんが、すぐ作りはじめてわくわくできるような楽しいプロジェクトを用意し、「機械学習や生成AIを使うとこんなに楽しいんだよ」という彩りを加えてくれています。Scratchと出会うきっかけと、各書籍の執筆の機会、そして今回もたくさんのアドバイスと書き直しを与えてくださった監修の阿部先生、ありがとうございます。そして、仕様に対する質問に答えてくださり、要望に応じて機能を追加してくださった、ChatGPT2Scratchの開発者の中谷一郎氏に感謝いたします。

機械学習に関する記述については、古くからの友人で東京工業大学 工学院 教授の市瀬龍太郎氏より、初期段階の原稿に対して、貴重な助言をいただきました。学術研究で多忙な中、タイトな校正スケジュールでお願いしたにも関わらず、これからのプログラミング教育に役立つならということで快く引き受けてくださったことに感謝いたします。なお、編集上の都合により、助言についてはすべてを反映することはできませんでした。本書に不備や誤りがある場合は、そのすべての責任は著者であるわれわれにあります。

石原 淳也

思えばずいぶん前のことになりますが、最初にML2Scratchを石原さんに見せてもらったころ、私は機械学習やAI（人工知能）について言葉や知識として知ってはいたけれど、すごさを実感するほどの経験はありませんでした。そのときのデモは、画像認識で指をさす向きを当てたり、アイテムの位置の変化を捉えたりして、それをScratchで利用できるというものでしたが、いまいちピンとこなかったのです。

しばらくして、自分でも関心のある分野で試してみると驚きの連続で、これは楽しいと感じました。そのときは、趣味で集めているミニカーをいくつも学習させて遊んでいたのですが、みなさんもこの本で使い方がわかったら、ぜひ自分の身近なものと組み合わせて遊んでみてください。機械学習のすごさや面白さ、工夫のしどころなどがどんどん見えてくると思います。

実生活の中では機械学習、画像認識や音声認識を活用した機器やサービスは当たり前のように利用されるようになり、ここ数年では生成AIの発展も目覚ましいものがあります。そうした便利なものも、最初はだれかが考えて作ってくれたものです。さらに工夫を重ねて、みなさんそれぞれの楽しさを見つけたり、新しい考えが生まれたりしていって、あるとき、みなさんが「作る側」の人になってくれていたらうれしいです。

執筆中に助言をくれたり、見守り支えてくれた家族や仲間、私たちといっしょにScratchで機械学習をやってみようとワークショップに参加してくれたみなさんや、教室の生徒のみなさんに感謝いたします。

倉本 大資

参考文献

『Nature of Code -Processingではじめる自然現象のシミュレーション-』（ボーンデジタル）
ダニエル・シフマン 著、尼岡 利崇 監修
https://www.borndigital.co.jp/book/5425.html

『ゼロから作るDeep Learning —Pythonで学ぶディープラーニングの理論と実装』（オライリー・ジャパン）
斎藤 康毅 著
https://www.oreilly.co.jp/books/9784873117584/

『カラー図解 Raspberry Piではじめる機械学習 基礎からディープラーニングまで』（講談社）
金丸 隆志 著
https://bookclub.kodansha.co.jp/product?item=0000226701

『Excelでわかるディープラーニング超入門』（技術評論社）
涌井 良幸、涌井 貞美 著
https://gihyo.jp/book/2018/978-4-7741-9474-5

『土日で学べる「AI＆自動化」プログラミング（日経BPパソコンベストムック）』（日経BP）
日経ソフトウエア 編
https://www.nikkeibp.co.jp/atclpubmkt/book/20/279390/

「はじめてのAI」（Udemy：無料コース）
Offered by Grow with Google
https://www.udemy.com/share/101qSW/

著者紹介

石原 淳也 | いしはら じゅんや

ウェブサービスやiPhoneアプリの開発を行うかたわら、アイルランド発の子供のためのプログラミング道場「CoderDojo」の日本での立ち上げに関わる。現在はCoderDojo調布を主宰、また「青学つくまなラボ」フェローとしても子供たちにプログラミングを教える活動を続けている。東京大学工学部機械情報工学科卒。株式会社まちクエスト代表取締役社長。合同会社つくる社代表社員。青山学院大学総合文化政策学部プロジェクト准教授。著書に『Scratchで楽しく学ぶアート&サイエンス』(日経BP)、共著書に『Scratchであそぶ機械学習』(オライリー・ジャパン)、『Raspberry Piではじめる どきどきプログラミング 増補改訂第2版』(日経BP)がある。

倉本 大資 | くらもと だいすけ

1980年生まれ。2004年筑波大学芸術専門学群総合造形コース卒業。2008年よりScratchを用いた子供向けプログラミングワークショップを多数開催。自身の運営するプログラミングサークル「OtOMO」の活動や、スイッチエデュケーションアドバイザー、プログラミング教室TENTOへの参画など子供向けプログラミングの分野を中心に活動し、ワークショップの企画開催や、指導者向けの講習など子供向け大人向けにプログラミングを通して学ぶことの楽しさを伝えている。2023年4月より東京大学情報学環特任研究員として、人間と遊びについて研究するプロジェクト「中山未来ファクトリー」に参画している。著書『小学生からはじめるわくわくプログラミング2』(日経BP)、『使って遊べる! Scratchおもしろプログラミングレシピ』(翔泳社)、共著書『Scratchであそぶ機械学習』(オライリー・ジャパン)、訳書『mBotでものづくりをはじめよう』(オライリー・ジャパン)、連載「micro:bitでレッツ プログラミング!」(『子供の科学』誠文堂新光社)などを手がける。

監修者紹介

阿部 和広 | あべ かずひろ

1987年より一貫してオブジェクト指向言語Smalltalkの研究開発に従事。パソコンの父として知られSmalltalkの開発者であるアラン・ケイ博士の指導を2001年から受ける。Squeak EtoysとScratchの日本語版を担当。子供と教員向け講習会を多数開催。OLPC ($100 laptop) 計画にも参加。著書に『小学生からはじめる わくわくプログラミング』(日経BP社)、共著に『ネットを支えるオープンソースソフトウェアの進化』(角川学芸出版)、監修に『作ることで学ぶ』(オライリー・ジャパン)など。NHK Eテレ「Why!? プログラミング」プログラミング監修、出演。多摩美術大学研究員、東京学芸大学、武蔵大学、津田塾大学非常勤講師、サイバー大学客員教授等を経て、現在、青山学院大学社会情報学部客員教授、放送大学客員教授、青学つくまなラボ シニアフェロー。2003年度IPA認定スーパークリエータ。元文部科学省プログラミング学習に関する調査研究委員。

Scratchではじめる機械学習 第2版
作りながら楽しく学べるAIプログラミング

2024年7月23日　初版第1刷発行

著者　石原 淳也（いしはら じゅんや）
　　　倉本 大資（くらもと だいすけ）
監修　阿部 和広（あべ かずひろ）

発行人　ティム・オライリー
デザイン　waonica
イラスト　鈴木 亜弥

印刷・製本　日経印刷株式会社

発行所　株式会社オライリー・ジャパン
〒160-0002　東京都新宿区四谷坂町12番22号
Tel (03) 3356-5227／Fax (03) 3356-5263
電子メールjapan@oreilly.co.jp

発売元　株式会社オーム社
〒101-8460　東京都千代田区神田錦町3-1
Tel (03) 3233-0641（代表）／Fax (03) 3233-3440

Printed in Japan (ISBN978-4-8144-0082-9)